两宋水旱灾害技术应对措施研究

董煜宇　著

上海交通大学出版社

内容提要

　　本书通过对两宋水旱史实的统计分析和在对相关法律制度、机构设置、职官选任等史料的分析梳理的基础上,探讨了两宋灾害应对的组织结构和体系特征,以及危机管理应对机制。

　　本书适合于科学技术史、环境灾害史、宋史等相关学科研究领域的学者,以及对相关问题感兴趣的一般公众参考阅读。

图书在版编目(CIP)数据

两宋水旱灾害技术应对措施研究 / 董煜宇著. —上
海:上海交通大学出版社,2016
ISBN 978 - 7 - 313 - 14168 - 2

Ⅰ. ①两… Ⅱ. ①董… Ⅲ. ①水灾-灾害防治-研究
-中国-宋代②干旱-灾害防治-研究-中国-宋代
Ⅳ. ①P426.616

中国版本图书馆 CIP 数据核字(2015)第 287446 号

两宋水旱灾害技术应对措施研究

著　　者:董煜宇				
出版发行:上海交通大学出版社		地　　址:上海市番禺路 951 号		
邮政编码:200030		电　　话:021 - 64071208		
出 版 人:韩建民				
印　　制:上海天地海设计印刷有限公司		经　　销:全国新华书店		
开　　本:710 mm×1000 mm　1/16		印　　张:11.75		
字　　数:165 千字				
版　　次:2016 年 6 月第 1 版		印　　次:2016 年 6 月第 1 次印刷		
书　　号:ISBN 978 - 7 - 313 - 14168 - 2/P				
定　　价:58.00 元				

版权所有　侵权必究
告读者:如发现本书有印装质量问题请与印刷厂质量科联系
联系电话:021 - 64366274

教育部人文社会科学基金资助项目(批准号 09YJC770054)

前 言

　　人类社会发展可以说与灾害密不可分，在中国古代的各种灾害记录中水旱灾害次数最多，而其对社会的影响也较大。就中国的水灾而言，从传说中的大禹治水到当代 1998 年的长江大洪水，就旱灾而言，从后羿射日的神话传说到近些年鄱阳湖、洞庭湖及西南地区频频发生的干旱灾情，可以说灾害与人类社会的发展相伴而生。这其中既有自然因素的作祟，也有人类活动的影响。而人类正是在和各种自然灾害作斗争的过程中，创造各种技术、积累经验不断前行。

　　宋代是我国历史上灾害频度较密的时期。在灾害应对方面留下了丰富的史料。20 世纪初开始在灾害史研究领域，无论是对宋代灾害文献资料的搜集整理和对宋代荒政、政府管理、社会救济、农田水利成效、灾害与社会等相关内容的研究都取得了累累硕果。而关于气象灾害学科前沿的研究中，也有不少学者利用现代的学术视角去分析、探讨历史上的水旱事件并取得可喜的成果。

　　但毋庸讳言，在灾害史研究中，内史和外史研究相隔离的局面还远未能冲破，内史研究通过现代科学方法给出各种关于灾害研究的数据、公式、演示图表等，这些结果看似非常客观的灾害事实，但由于在历史文献的解读和利用中存在先入为主、以偏概全、解读错误等问题，这种客观事实可能就大打折扣。外史研究也往往未能充分有效地利用内史研究的结果，因循灾害研究的传统方法对灾害防治思想、救助措施及社会影响等方面进行研究，也存在对灾情具体情况界定比较模糊、以局部代替整体、视角单一等问题。事实上灾害史必定涉及自然本身的发展史及人与自然的关系史。一方面灾害的发生既有自然因素也有人类活动影响的因素,另一面灾害影响既有灾害发生后对人类社会的影响也有人类应对灾害探索的经验积累。这两方面决定了灾害史本身的复杂性,因而在研究中绝不能把其简单化、模式化。可以说,打破学科的壁垒和内外史隔阂的藩篱,充分利用前人研究成果,把历史上灾害事件、灾害对人类的影响、人类应对的灾害措施放在当时历史环境中去研究探讨,是未来灾害史研究的必由之路。

在前人研究的基础上,本书运用文化整体和遗留文物与历史文献资料的互证分析等研究方法,通过对典型灾害事件、典型技术应对措施、对两宋的相应救灾措施的落实(灾民的安置与救济、疾疫的控制、救灾仓储的设立与管理)、灾后重建的技术应对(河防、海塘的修治、水利兴修、农业技术的改进和创新)等,揭示两宋应对水旱灾害的创新之举,如水旱灾害应对中防灾、减灾制度的建立,应急制度的制定与实施、灾情调查与评估、救灾力量的组织和管理。

本书的第一部分通过对两宋水旱的史实的辨析,结合灾害史内史研究的成果,并与两宋时期灾害历史文献记载分析比对,在前人研究的基础上梳理了两宋时期气候的冷暖特征及干湿特征,分析了冷暖干湿变化及人类活动对灾害的影响,并根据相关的统计数据,概括了两宋水旱灾害的时间分布特征、空间分布特征,并与冷暖变化相对应分析了两宋时期水旱灾害的不同时期的具体特点。

本书的第二部分是探讨两宋时期政府的灾害组织管理特点。《天圣令》作为一部以唐令为蓝本参以宋代新制编纂的国家令典,本部分从政府管理的视角,结合田令、赋役令、营缮令、杂令中相关令条,探讨了北宋时期政府水旱灾害的预防管理、灾害的应急管理及灾后应对处置管理等相关措施。

本书的第三部分是通过典型灾害事件探讨两宋时期政府应对管理特点。北宋端拱、淳化年间的特大干旱是两宋灾害史上的重大事件,本部分以史实为依据,梳理了这次特大旱灾的时空分布,分析了它对社会造成的危害,从皇帝的弭灾、灾荒的救助、赋税的减免、疾疫的防治、流民的安抚、水利的兴修、仓储的设置等方面探讨了北宋政府灾害应对这次特大干旱的具体措施,探讨了重大灾害对社会发展的深刻影响。

本书的第四部分是以黄河治理为例探讨水灾的技术应对措施。黄河水患对历代统治者都是一道难题,北宋时期黄河频繁决溢,为应对黄河的水患,政府也采取了一系列积极的措施。本部分从堤防的修固、分水与临时滞洪、堵口应急、疏浚河道、兴修遥堤、迁移州军等方面对北宋时期治理黄河的措施加以探讨。

本书的第五部分是从榆柳种植方面的管理措施为切入口,探讨两宋时期政府在防洪固堤等方面发挥的特殊作用。榆柳作为适应性特别强的树木,在古代的堤防修固及防洪的堵口应急中发挥着重要的作用,本部分通过相关史料的梳理,探讨宋代在推广榆柳种植方面所采取的一些措施,分析榆柳在防洪堵口及巩固堤堰方面发挥的重要作用。

本书的第六部分是关于两宋时期具有代表性的典型水利专家刘彝及其治水事迹的探讨。刘彝是北宋时期著名的水利专家之一,曾官至都水丞,前人研究多集中于他在赣州(当时称虔州)主持修缮闻名于世的水利设施——福寿沟城市排水系统。而关于他成长发展的历程、熙丰变法之时的水利事迹以及他因何能在水利工程方面取得突出的成就,则缺乏相应的研究。有鉴于此,本部分在前人研究的基础上,通过查考分析相关史料,对这些问题加以探讨。

本书的附录部分还对1073—1076年北宋特大干旱及其社会应对和宋代白鹤梁题刻枯水记录与干旱灾害关联性做了探讨。1073—1076年北宋特大干旱是中国灾害史上的一次重大事件。灾害事件发生在熙丰变法的特殊历史时期。论文以史实为依据,梳理了这次特大旱灾的时空分布,分析了它对社会造成的危害,从皇帝的弭灾、灾荒的救助、赋税的减免、疾疫的防治、流民的安抚、水利的兴修、仓储的设置等方面探讨了北宋政府应对这次特大干旱的具体措施及时局产生的影响。

白鹤梁题刻位于重庆市涪陵区城西长江中,东距乌江与长江交汇处一公里的天然石梁上。梁上所刻石鱼提供了自唐代宗广德年间至今1200多年以来长江72个枯水年份的(历年的最低水位)水文资料,相当于一座古代水文站,也具有非常重要科学研究价值。论文通过把白鹤梁题刻枯水记录与历史记载干旱事件的文献相比对,探讨了两者之间的关联性研究,还把历史上中国、朝鲜、日本三者的水旱灾害记录向比对,探讨古代特大灾害事件关联的可能性。

宋代著名的文坛领袖欧阳修曾在《答杨辟喜雨长句》一诗中写道:"吾闻阴阳在天地,升降上下无时穷。环回不得不差失,所以岁时无常丰。古之为政知若此,均节收敛勤人功。三年必有一年食,九岁常备三岁凶。纵令水旱或时遇,以多补少能相通。"这首诗的本意是在批评一些地方官吏在灾害应对时的不作为现象,而在诗中他所表达的关于灾害的认识确实难能可贵:水旱灾害的发生主要是自然因素导致并会经常出现,人类的努力因应却可以以多补少。两宋水旱灾害的应对措施尽管有这样那样的不足,但也确实起到了相应的作用。

CONTENTS 目 录

第一章　绪　论

北宋和南宋是中国历史上灾害频仍的两个朝代,邓云特在《中国救荒史》中曾评价说:"两宋灾害频度之密,盖与唐代相若,而其强度与广度则更过之,灾异频数,不可胜纪。"据他统计,宋代统治约 320 年间,全国仅水、旱、蝗、雪等自然灾害就近 900 次。严重的自然灾害,不仅危及人民生命财产的安全,而且严重影响社会大局的安定。为了维护统治利益,确保社会的安定,两宋时期的统治者对灾害救治问题给予了高度重视,《宋史》曾评价说:"宋之为治,一本与仁厚,凡振贫恤患之意,视前代尤为切至。"[①]为积极应对灾害,政府制定了相对完善的减灾救灾制度,建立了较为完备的救灾应急机制,采取了一系列积极的措施应对灾害,取得了很好的成效。

正因为如此,自 20 世纪初开始,国内外学者对两宋的荒政问题进行深入探讨,取得了一系列成果,大体说来分为以下三个方面。

(1)从宏观角度进行分析探究宋代荒政的有:邓云特的《中国救荒史》、高迈的《宋代的救济事业》、徐益棠的《宋代平时的社会救济行政》、华文烂的《宋代之荒政》、王德毅的《宋代灾荒的救济政策》、康弘的《宋代灾害与荒政述论》、邱国珍的《三千年天灾》中的宋代部分,日本学者梅原郁的《宋代的救济制度》、户田裕司的《救荒、荒政研究和宋代地方社会的视角》,朱琳的《宋代荒政的历史考察和经济分析》,张文的《宋朝社会救济研究》《宋朝民间慈善活动研究》等论著,其中尤以邓云特、张文的著作最为系统。

(2)从救灾赈灾的思想及具体措施进行探究宋代荒政的有:吴云端的

---

① 〔元〕脱脱:《宋史》中华书局,1983 年版。

《宋代的农荒预防策——仓制》、黄源征的《朱子在籍在官之救荒概略及其评议》、张勋燎的《从漏泽园看所谓"太平盛世"——考古发现的漏泽园遗迹和宋代的漏泽园制度》、金中枢的《宋代几种社会福利制度——居养院、安乐坊、漏泽园》、王德毅的《宋代的养老与慈幼》,陈荣熙的《论范氏义庄》、宋采义等的《宋代官办的幼儿慈善事业》、宋采义等的《谈河南滑县发现的北宋漏泽园》、刘秋根的《唐宋常平仓的经营与青苗法的推行》、张品端的《朱子社仓法的社会保障功能》、王日根的《宋以来义田发展述略》、陈朝先的《宋朝的仓储后备制度与振恤》,邢铁的《宋代的奁田和基田》、李向军的《宋代荒政与〈救荒活民书〉》,荣华的《北宋义仓制度述论》,张全明的《社仓制与青苗法比较刍议》,张邦伟等的《两宋时期的义系制度》、赵全鹏等的《宋代的商人救荒思想》,王涯军等的《宋代川峡四路荒政特点浅析》等、贾玉英的《试论王安石变法时期的仓法》、《略论朱熹的荒政思想与实践》,周珍的《北宋仁宗时期黄河水患应对措施研究》、郭九灵的《宋代义仓论略》等论著。

（3）从自然灾害的空间分布、灾害成因及影响进行探讨的有：马莉等的《宋代关中洪涝灾害研究》、邱云飞的《宋朝水灾初步研究》、杨晓红的《灾异对宋代社会的影响》、李亚的《历史时期濒水城市水灾问题初探——以北宋开封为例》。已有的研究为进一步探讨两宋的荒政打下了很好的基础,但也存在一定的不足：第一、已有的研究成果从传统社会荒政、社会救济角度研究的较多,从国家灾害应对管理机制角度系统研究的较少,救灾思想、救灾制度、救灾机制、救灾措施、救灾实践往往混淆在一起,无法清楚地梳理出两宋灾害应对的体制和机制,无法有效地把灾害应对的思想、制度、机制、措施、实践等放在当时社会背景下有机地联系在一起审视两宋灾害应对的管理机制,评析减灾救灾的绩效。第二、已有的研究成果关于救灾、救济措施多集中于仓储制度及社会福利制度等方面,而对于灾害发生时及灾害重建中的技术应对研究的较少,如疾疫的控制与治疗,河防、海塘的修治、水利兴修、农业技术的改进和创新等系统研究的很少,而这些方面恰恰是宋朝灾害应对中成效非常显著的部分。第三、已有的研究成果中对地方政府和官员灾害应对的思想、制度、机制、实践等相关内容研究还显得不足,对中央与地方在灾害应对中有机互动的关系还研究得不够,这样就无法理清中央与地方有机互动应对灾害的体制和机制。

因此在前人研究的基础上,通过对两宋救灾体系的概括应对措施、科技保障等内容的探讨,对两宋灾害救治特点及经验的总结,不仅有助于弥补两宋灾害研究中的不足之处,也有助于我们了解两宋国家灾害应对中危机管理的特点,对于当代国家的减灾、救灾管理也有一定的借鉴意义。

基于对前人研究成果分析并结合对两宋相关史料的梳理,本课题拟从国家灾害应对中的危机管理视角对两宋水旱灾害技术应措施进行系统研究。在两宋的各种自然灾害中,尤以水旱灾害为最。如关于水灾次数据当代学者统计分别有 462 次、465 次、628 次等数目,旱灾有 183 次、382 次等数目,尽管统计数目有出入,但已经足见水旱灾害之频繁程度。而围绕水旱灾害救治的思想、制度、技术实践等足以能反映两宋灾害应对中危机管理体制的特征、反映出两宋灾害救治管理的绩效。

本课题研究的主要内容是:一、通过对两宋水旱的史实的统计分析,勾勒出两宋水旱灾害分布的时空特征。二、通过对两宋水旱灾害应对具体技术措施及实施效果的研究,总结出两宋灾害救治管理的绩效。主要是研究在两宋时期水旱灾害应对中农业技术、水利、医药等科技的具体应对措施。三、通过水旱灾害救治技术实践的分析,概括出两宋水旱应对中技术应对管理的特点。本课题研究的重点是:相应救灾措施的落实(灾民的安置与救济、疾疫的控制、救灾仓储的设立与管理)、灾后重建的技术应对(河防、海塘的修治、水利兴修、农业技术的改进和创新)等等;揭示两宋应对水旱灾害的创新之举,如水旱灾害应对中防灾、减灾制度的建立,应急制度的制定与实施、灾情调查与评估、救灾力量的组织和管理。

本课题研究的难点是:如何从繁杂史料中梳理出中央与地方政府的危机管理机制体系。如何从救灾减灾的制度和实践层面,勾勒出中央与地方协作应对灾害的应急机制。如何放在当时的社会历史背景下评析两宋应对水旱灾害中危机管理、技术应对措施的绩效。

本课题研究的主要观点是:两宋的灾害应对已经有了明确的法律法规,也有相对完善的应对机制和体系,从诉灾、检放到抄札、赈济等,灾害救治管理也体现了制度化程序化规范化的特点,国家应急管理制度也有一定的灵活性，比如中央救助体系与地方救助体系的结合、比如军队体系与民防体系的结合等都收到了一定的效果，灾前、灾中、灾后的相应环节的衔接较之前代也相对较好，地方官员在水旱灾害应对中也体现出了较强的救灾意识和救灾能力，救灾体系也由北宋以政府为主到南宋时期地方政府在救灾体系中的作用显著增强的转化，并在灾害应对中调动社会的各方面力量参与救助，在救助的具体措施上有创新，尤其是在技术应对中体现出了科技成就辉煌的时代特征。

本课题研究的主要创新点是：在充分占有材料的基础上，运用文化整体研究方法通过对典型灾害事件、典型技术应对措施、遗留文物与历史文献资料的互证分析等，揭示两宋应对水旱灾害的创新之举，如水旱灾害应对中防灾、减灾制度的建立，应急制度的制定与实施、灾情调查与评估、救灾力量的组织和管理，突破了以前灾害史研究视野，从东亚灾害的关联性视角审视水旱灾害事件，拓宽了前人的研究视野，弥补了相应研究的空白。

研究思路和方法

在具体的研究方法上本课题遵循如下两个原则：

（1）通过对已有水旱灾害统计数字的辨析，梳理出水旱灾害分布的时空特点。

（2）以史实为依据，把两宋水旱灾害应对中在农业、水利、医药等科技领域内的科技实践等层面加以清楚的梳理，同时借鉴"文化整体"的研究方法，打破内外史的界限，从文化的多个维度考察历史，把两宋救灾减灾的科技实践放在当时的社会历史背景下加以评析。

第二章　两宋时期水旱灾害概述

水旱灾害的发生与历史时期气候的冷暖变化、干湿变化密切相关,本章在前人研究的基础上梳理了两宋时期气候的冷暖特征及干湿特征,分析了冷暖干湿变化及人类活动对灾害的影响,并根据相关的统计数据,概括了两宋水旱灾害的时间和空间分布特征,并与冷暖变化相对应分析了两宋时期水旱灾害的不同时期的具体特点。

一、两宋时期水旱灾害频仍的自然与社会原因

1. 两宋时期气候的冷暖特征

在人类发展历史进程中,自然灾害始终与人类相伴。从人与自然的关系角度来看,灾害的发生不仅仅是自然的原因,人类活动也常常会导致自然灾害的发生。中国是一个灾害频发的国家,水旱灾害最为频繁。有宋一代,水旱灾害尤甚。而灾害的发生也因为自然与社会的双重原因。

从历史时期气候变迁来看,北宋时期正值世界性的"中世纪温暖期"中前期,它是指出现在欧洲及北大西洋邻近地区相对温暖的气候阶段,根据目前学者研究,其时间跨度为 900—1300 年,北宋时期气候总体偏暖,根据葛全胜等学者分析,北宋时期气候总体偏暖,与"中世纪温暖期"基本一致,960 年前后冷暖程度与今天相近,从 960 年代到 1010 年代气候逐渐增暖,从 1040 年代到 1110 年代气候增暖,年均气温较今天高 0.5℃,1110 年代以后气候渐冷[①]。

---

① 葛全胜:《中国历朝气候变化》,科学出版社 2011 年版,第 385 页。

　　史料的记载也反映出了气温的概况，从 960 年到 1110 年，无冰、无雪等暖冬的记录有 47 年之多，如《宋史·五行志》记载："乾德二年冬，无雪。五年冬，无雪。开宝元年冬，京师无雪。二年冬，无雪。淳化二年冬，京师无冰。至道元年冬，无雪。二年冬，无雪。大中祥符二年，京师冬温，无冰。天圣五年，夏秋大暑，毒气中人。嘉祐六年冬，京师无冰。治平四年冬，无雪。元丰八年冬，无雪。元祐元年冬，无雪。四年冬，京师无雪。五年冬，无冰雪。"①《续资治通鉴长编》记载："仁宗嘉祐七年，是岁冬无冰，天下断大辟一千六百八十三人。"②《宋史》记载："至和六年，是岁冬无冰。"③《皇朝文鉴》记载宋祁所撰写的《北岳祈雨文》中曾言："自冬无雪，大寒不效，宿麦枯槁。涉春之仲，土债冻泮，天极愈高，暖气早来。"④《续资治通鉴长编》记载："神宗元丰元年十一月乙酉，又诏：闻京西河北陕西诸路自冬无雪，并邅山田麦苗已旱，令转运司访名山灵祠，委长吏祈祷。"⑤

　　不仅如此，有时还会出现连续暖冬的现象，《续资治通鉴长编》记载："哲宗元祐六年春正月辛酉朔，是月御史中丞苏辙：伏见前年冬温不雪，圣心焦劳，请祷备至，天意不顺，宿麦不蕃，去冬此灾复甚，而加以无冰，二年之间天气如一，若非政事过差，上干阴阳，理不至此，今连年冬温无冰，可谓恒燠矣。"⑥从苏辙的描述中不难看出，他对暖冬状况的担忧。

　　北宋末期气候开始转冷，《范太史集》记载："乞不限人数收养贫民札子，元祐元年（1086）十二月二十日。臣伏见陛下以今冬大寒，异于常年。圣心忧轸，救恤小民，无所不至。近又出禁中钱十万贯以赐贫民，此诚博施济众，尧舜之仁也。"⑦从史料看，元祐元年就出现大寒异于常年的现象。元祐二年，这种情况持续，《续资治通鉴长编》记载："哲宗元祐二年十二月乙酉，以大雪寒，赐诸军薪炭钱，再令开封府阅坊市贫民，以钱百万计口量老少给之。"⑧又"元

---

① 〔元〕脱脱：《宋史》卷六十三，《志第十六·五行二上》。
② 〔宋〕李焘：《续资治通鉴长编》卷一百九十八，中华书局 1979 年版。
③ 〔元〕脱脱：《宋史》卷十三，《本纪第十三》。
④ 〔宋〕吕祖谦：《皇朝文鉴》卷第一百三十五。
⑤ 〔宋〕李焘：《续资治通鉴长编》卷二百九十四。
⑥ 〔宋〕李焘：《续资治通鉴长编》卷四百五十四。
⑦ 〔宋〕范祖禹：《范太史集》卷十四。
⑧ 〔宋〕李焘：《续资治通鉴长编》卷四百。

祐三年,又牧地久在民间耕佃,草未肥美,及值去冬大寒,倒死数多,及生驹不及分厘,例该决配。"①从史料看,元祐二年的冬天也特别寒冷,对牧业生产也带来了严重的影响,政府专门赏赐军队薪炭钱抵御严寒,并在首都实施灾害应急措施,帮助民众度过严冬。

这种情况持续到靖康年间,《宋史》记载:"元祐八年二月,京师大寒,霰、雪、雨木冰。宣和五年十月乙酉雨木冰,靖康元年十月乙卯雨木,冰二年正月丁酉,雨木冰。"②

南宋早期处于中世纪暖期中的一个冷阶③,其大致时间为 1127 年到 1200年,冬季气候非常寒冷,如绍兴二年(1132),经常不会结冰的钱塘江,冰厚数寸。《鸡肋编》记载:"二浙旧少冰雪,绍兴壬子,车驾在钱塘。是冬大寒,屡雪,冰厚数寸,北人遂窖藏之,烧地作荫,皆如京师之法。临安府委诸县皆藏,率请北人教其制度。明年五月天中节日,天适晴暑,供奉行宫,有司大获犒赏,其后钱塘无冰可收。时韩世忠在镇江,率以舟载至行在,兼昼夜牵挽疾驰,谓之进冰船。"④这是钱塘江仅有史记录的三次结冰事件之一。

南宋中晚期气候开始转暖,其时间跨度从 1200 年到 1260 年,有学者认为从 1230 年到 1260 年,有可能是中国过去 2000 年中最温暖的 30 年⑤。据《宋史·五行志》记载:"庆元元年冬无雪;二年冬无雪;四年冬无雪;越岁春燠而雷;六年冬燠无雪,桃李华,虫不蛰。开禧三年冬少雪;嘉定元年春燠如夏;六年冬燠而雷,无冰,虫不蛰;八年夏五月大燠草木枯槁,百泉皆竭,行都斛水百,钱江淮杯水数十钱,喝死者甚众;九年冬无雪,十三年冬无冰雪,越岁春暴燠,土燥泉竭。"⑥从史料可以看出,庆元年间出现了连续多年冬天无降雪的暖冬天气。冬天桃李开花、春暖如夏、虫不蛰等现象也充分说明了气候温暖的情况。

2. 两宋时期气候的干湿变化

据学者统计分析,大体而言,从五代到北宋气候偏干,东部地区呈现出从

① 〔宋〕李焘:《续资治通鉴长编》卷四百七十。
② 〔元〕脱脱:《宋史》卷六十五,《志第十八·五行三》。
③ 葛全胜:《中国历朝气候变化》,科学出版社 2011 年版,第 441 页。
④ 〔宋〕庄绰:《鸡肋编》卷中。
⑤ 葛全胜:《中国历朝气候变化》,科学出版社 2011 年版,第 443 页。
⑥ 〔元〕脱脱:《宋史》卷六十三,《志第十六·五行二上》。

干到湿的趋势,其中 10 世纪末,气候急剧变干,1040 年代,1080 年代,1120 年代前后,干旱程度尤为显著,1080 年代前后的程度最高。从空间分布来看,干湿变化呈现出以东西分异为主,南北分异并存的格局。华北地区 10 世纪相对湿润,后来逐渐转干,11 世纪中期之后,干旱趋势进一步加剧。江淮地区 10 世纪相对湿润,11 世纪后也进入干旱期。江南地区干湿状况呈显著的准周期变化、变率大等特征。910—970 年,980—1050 年,1070—1120 年是明显的三个干旱周期,西北地区 1100 年代前相对湿润,之后气候趋于干旱。南宋至元,除长江三角洲与华北东北部及宁县局部地区之外,中国中东部大部分地区长期偏干,其中尤以黄土高原、黄河中下游地区最为显著。

3. 两宋时期气候的冷暖干湿与灾害

无论是历史时期气候的冷暖变化和干湿变化,常常会引发灾害。冷暖变化与灾害的关联性已经如前所述,干湿变化也常常会导致水旱灾害的发生。华北地区 962—992 年的湿润期,水灾频繁发生。太祖开宝元年至六年,连续发生水灾。《宋史》记载:"开宝元年六月,州府二十三大雨水,江河泛溢,坏民田、庐舍。七月,泰州,潮水害稼。八月,集州霖雨,河涨坏民庐舍,及城壁公署。二年七月,下邑县河决,是岁青、蔡、宿州宋诸州水,真、定、澶、滑、博水。三年,郑、澶、郓、淄、济、虢、蔡解、徐、岳州水灾,害民田。四年六月,汴水决宋州穀熟县济阳镇,又郓州河及汶清河皆溢,注东阿县及陈空镇,坏仓库民舍。郑州河决原武县,蔡州淮及白露、舒、汝、庐、颍五水并涨,坏庐舍民田。七月,青、齐州水,伤田。五年,河决澶州,濮阳、绛、和、庐、寿诸州大水。六月,河又决开封府阳武县之小刘村,宋州、郑州并汴水决,忠州江水涨二百尺。六年,郓州河决杨刘口,怀州河决获嘉县。"[1]

而在干湿变化的峰值 1080 年代前后,则出现了熙宁年间的特大干旱。1073—1076 年,发生的旱灾之所以被定性为特大旱灾,是从其持续的时间、波及的范围以及危害的程度三方面来判定。

熙宁六年(1073)江淮流域发生了较为严重的旱情,《宋史·五行志》记载

---

[1] 〔元〕脱脱:《宋史》卷六十一,《志第十四·五行一上》。

较为明确,熙宁六年七月,淮南、江东、剑南、西川、润州都发生了严重的灾情①。据神宗本纪记载,是年五月戊午、七月己酉、九月戊辰,皇帝三次举行祷雨活动,应该是出现较为严重的旱情才会如此。长江中著名的白鹤梁题刻记载了当时干旱的后续的影响:"宋熙宁七年(1074)正月二十四日,水齐至此。韩寰等题记:广德年鱼去水四尺,今又过之。"虽然是熙宁七年正月出现的枯水的情形,这是因为白鹤梁地处剑南,应该是流域内出现了长期较为严重的干旱地表径流减少导致秋冬之季长江出现枯水水位。

而史料记载熙宁六年的干旱延续到了熙宁七年,《宋会要辑稿·瑞异》记载:熙宁七年二月十八日京东陕西诸路久旱,诏长吏祷雨。《宋史·五行志》记载:"自春及夏,河北、河东、陕西、京东西、淮南诸路复旱。时新复兆河亦旱,羌户多殍死。"《续资治通鉴》记载:"四月,自去岁秋七月不雨,至于是月。"②这些史料正是连续严重旱情的真实记载。这种严重的旱情也蔓延到了东北亚广大地区。《高丽史》记载:"文宗二十八年(1074)四月戊辰朔,以旱徙市。"③《续资治通鉴》记载:"五月,丙寅,辽主以久旱,命录囚。"④

熙宁八年(1075)旱情转移到了南方,《宋史》记载:淮南、两浙、江南、荆湖等路旱。曾巩《越州赵公救灾记》记载:"夏,吴越大旱。"单锷《吴中水利书》记载:"熙宁八年岁大旱,锷观太湖水退数里,而其地皆有丘墓街井,枯木之根,在数里之间。信知昔为民田,今为湖也。以是推之,太湖宽广逾于昔时。"从太湖水退数里的描述,吴越之地的旱情是非常严重。

熙宁九年(1076),北方又发生了旱灾。《宋史》记载:"八月,河北、京东、京西、河东、陕西等旱。"这次干旱主要集中北方,面积不小,应该是特大干旱的尾声。

综合历史史料来看,这次特大干旱从 1073 年开始,1074 年,1075 年干旱程度非常之大,尾声延续到 1076 年。

气温的变化也会导致海平面的上升,据学者研究,五代时期中国东海海

---

①　〔元〕脱脱:《宋史》卷六十七,《志第二十·五行五》。
②　〔清〕毕沅:《续资治通鉴长编》卷七十。
③　〔朝鲜〕关麟趾:《高丽史》卷五十四,《志八》。
④　〔清〕毕沅:《续资治通鉴长编》卷七十。

平面相对较低,到北宋初期,海平面显著提升,到北宋晚期长江口的海平面已经高于今天的海平面,而海面的抬升导致潮灾增多。中国东部沿海地区潮灾呈现出多发态势①。如泰州地区发生多次潮灾。北宋名臣范仲淹主持修建海塘防御潮灾。《范文正公文集》记载:"宋故卫尉少卿分司西京胡公神道碑铭:公讳令仪,字某开封陈留人。初天圣中余掌泰州西溪之盐局日,秋潮之患,浸于海陵、兴化二邑间,五谷不能生,百姓馁而逋者三千余户。旧有太防废而不治,余乃白制置发运使张侯纶。张侯表余知兴化县,以复厥防。会雨雪大至,潮汹汹惊人,而兵夫散走,旋泞而死者百余人。道路飞语谓死者数千,而防不可复。朝廷遣中使按视,将有中罢之议。遽命公为淮南转运使以究其可否。公急驰而至,观厥民相厥地,叹曰:昔余为海陵宰,知兹邑之田特为膏,春耕秋获,笑歌满野民多富实,往往重门击柝拟于公府,今葭苇苍茫,无复遗民,良可哀耶。乃抗章请必行。前议张侯亦请兼领海陵郡,朝廷从之。乃与张侯共董其役,始成大防亘一百五十里,潮不能害而,二邑逋民悉复其业。"②从描述中可见,泰州潮灾之惨状。南宋时期,泰州海堰又被毁坏,民众饱受灾害之苦,守臣张子正再次请求朝廷修筑泰州海堰,《宋史》记载:"淳熙三年(1176)四月诏:筑泰州月堰以遏潮水。从守臣张子正请也。"③

4. 人类活动与灾害

灾害的发生除了自然原因之外,人为的因素也是重要的原因。以宋代的黄河洪灾频繁发生为例。一是上游森林植被的破坏;二是下游黄河岸边的田地开垦,可以说都对黄河洪灾有一定的影响。

北宋之前,西北地区林木颇为茂盛。应该说对黄河上游的水土保持有一定的作用。北宋建国不久,就下令采伐西北地区的林木。《宋史》记载:"建隆二年(961),出知秦州,州与夏人杂处,罔知教养,防齐之以刑,旧俗稍革。州西北夕阳镇,连山谷多大木,夏人利之。防议建采造务,辟地数百里,筑堡要地。自渭而北,夏人有之,自渭而南,秦州有之。募卒三百,岁获木万章。"④从

---

① 王文、谢志仁:《中国历史时期海面变化(Ⅱ)——潮灾强弱与海面波动》,载《河海大学学报》1995年第5期,第43-47页。
② 〔宋〕范仲淹:《范文正公集》卷十一,四部丛刊初编。
③ 〔元〕脱脱:《宋史》卷九十七,《志第五十・河渠七》。
④ 〔元〕脱脱:《宋史》卷二百七十《列传第二十九》。

史料看,可以说采伐量非常之大。再如《宋会要辑稿》记载:"熙宁七年九月二十日,诏:将作监检计三司地蓥分布修盖,除副使判官不置堂外,余修如故。买民居增广地步,所用材木令熙河采伐,输运委都运使熊本、提点刑狱郑民宪管勾。"①经由大规模采伐,到北宋后期林地已经大为减少。大规模采伐树木,势必会对黄河的水土保持产生一定影响。

而黄河下游,民众的垦田活动,也对黄河的防洪能力产生一定的影响。"遥堤"作为一种辅助堤防,宋初朝廷就将其作为限制洪水泛滥的措施之一。《宋史·河渠志》记载:"太祖乾德二年(964),遣使案行,将治古堤。议者以旧河不可卒复,力役且大,遂止。但诏民治遥堤,以御冲注之患。"②太平兴国八年(983),有人建议对黄河下游的遥堤进行系统查勘。《续资治通鉴长编》记载:"太宗太平兴国八年八月,宿州言河水泛民田。郭守文塞决河堤,久不成。上谓宰相曰:今岁秋田方稔,适值河决塞治之役,未免重劳。言事者谓:河之两岸古有遥堤,以宽水势,其后民利沃壤,咸居其中,河之盛溢,即罹其患。当令按视,苟有经久之利,无惮复修。戊午,遣殿中侍御史济阴柴成务、供奉官葛彦恭缘河北岸,国子监丞赵孚、殿直郭载缘河南岸,西自河阳东至于海同览堤之旧址,凡十州二十四县,并勒所属官司,件析堤内民籍税数,议蠲赋、徙民、兴复遥堤利害以闻。载浚仪人也。孚等使回条奏曰:臣等因访遥堤之状所存者百无一二,完补之功甚大。"③从史料看,针对有人提出修复两岸古遥堤的建议,朝廷派专人进行了认真调查。调查的结果是十州二十四县所剩无几。完全补起来,工程浩大,不如分水省事。史料中反映出来的问题,颇能说明河防过程中人与自然的矛盾。黄河两岸,遥堤到主河道之间本来有相当多的空地用来行洪,但是后来民众发现此区域内土地非常肥沃,于是纷纷进入此区域内居住开垦,破坏了原来的行洪功能。

南宋迁都临安之后,江南地区经济发展迅速,绍兴地区鉴湖因为围湖造田,导致面积大大减小,蓄防洪能力随之减少,而水灾数量急剧上升,这些都是人类活动影响的结果。由于宋室南迁,人口增多,废湖造田十分严重。根

---

① 〔清〕徐松:《宋会要辑稿》食货五十六,中华书局1957年版。
② 〔元〕脱脱:《宋史》卷九十一,《志第四十四·河渠一》。
③ 〔宋〕李焘:《续资治通鉴长编》卷二十四。

据学者研究,从北宋大中祥符年间围垦,鉴湖湖面逐渐缩小,尤其是宋室南迁之后,湖面更是锐减①。《宋史·河渠志》记载:"政和末,为郡守者务为进奉之计,遂废湖为田,赋输京师。自时奸民私占为田,益众湖之存者亡几矣。绍兴二十九年(1159)十月,帝谕枢密院事王纶曰:往年宰执尝欲尽干鉴湖,云可得十万斛米,朕谓若遇岁旱,无湖水引灌,则所损未必不过之,凡事须远虑可也。隆兴元年(1163)绍兴府守臣吴芾言:鉴湖自江衍所立碑石之外,今为民田者又一百六十五顷,湖尽埋废,今欲发四百九十万工于农隙接续开凿,又移壮城百人以备撩漉浚治,差强干使臣一人,以巡辖鉴湖堤岸为名。"②从史料可以看出,地方官吏为了解决粮食问题,废湖为田,又加上豪强私自开垦,结果湖面越来越小,连皇帝也极为担心,这样下去遇到旱情,无湖水引灌,损失更大。所以后来就有退耕还湖之举,《宋史·食货志上》记载:"隆兴二年九月,刑部侍郎吴芾言:昨守绍兴,常请开鉴湖废田二百七十顷复湖之旧,水无泛滥,民田九千余顷悉获倍收。今尚有低田二万余亩,本亦湖也,百姓交佃,亩值才两三缗。欲官给其半,尽废其田,去其租。户部请符浙东常平司同绍兴府守臣审细标迁,从之。"③综合以上史实,不难看出,人类活动往往也是灾害形成的重要因素。

二、两宋水旱灾害的时空分布

1. 水灾分布的时间特征

两宋时期共 320 年,根据学者统计水灾发生的次数分别有 183 次④ 462次⑤、465⑥ 次及 628⑦ 次,以此看来水灾发生比较频繁,邱云飞统计的次数是628 次认为分布在 225 个年头,平均 0.51 年一次,年均发生概率为 19.625%,

①　周魁一:《水利的历史阅读》,中国水利水电出版社 2008 年版,第 60-84 页。
②　〔元〕脱脱:《宋史》卷九十七,《志第五十·河渠七》。
③　〔元〕脱脱:《宋史》卷一百七十三,《志第一百二十六·食货上一》。
④　邓拓:《中国救荒史》,上海书店 1984 年版,第 22 页。
⑤　陈高佣:《中国历代天灾人祸表》,上海书店 1986 年,第 796-1085 页。
⑥　康弘:《宋代灾害与荒政论述》,载《中州学刊》1994 年第 5 期,第 123-128 页。
⑦　邱云飞:《中国灾害通史(宋代卷)》,郑州大学出版社 2008 年版,第 42 页。

其中北宋时期共 168 年,其间有水灾 338 次,分布在 126 个年头,平均 0.49 年一次,年均发生概率为 201.19%,南宋时期共 152 年,其间有水灾 290 次,分布在 99 个年头,平均 0.52 年一次,年均发生概率为 19.079%。由此可以看出,两宋的水灾严重性相差不多,北宋略高于南宋。

这种比较从时间跨度来说似乎没有问题,但北宋、南宋因为所辖区域有别,如黄河流域的记录在南宋就非常少,真实的水灾情况可能比记录中复杂得多。李华瑞曾指出:"宋代文献记载各地灾害多集中在经济财税发达或国防重地地区,北宋大致以河北、京西、京东、陕西、两浙、淮南、江东、湖南、湖北等地为主,南宋则主要是两浙、淮南、江南、湖南、湖北等地区,今传文献对宋代经济欠发达地区或较为偏远地区的灾种、灾情的记载,应有较大的缺漏。"[①]

尽管如此,从已有的文献记录统计中,仍可以看出两宋水灾的一些特点。如前所述干湿变化也常常会导致水旱灾害的发生。华北地区 962—992 年的湿润期,水灾频繁发生,是以水灾发生频率很高,属于水灾的绝对频发期,其间水灾比较严重,没有水灾记录的年份很少,此一阶段水灾连续性很强。尽管从 989 年到 992 年特大干旱发生,大约直至 1040 年代前后水灾发生的频率确实相对较高。从 1040 年代干旱高峰到 1080 年代前后,尽管水灾记录也比较多,但同第一阶段相比,水灾发生的频率相对较低。从 1080 年代到 1120 年代前后,从文献记录来统计是水灾的相对高发期,如 1081—1085 年北方地区水灾特别严重,黄河几乎年年决口。1098—1102 年北方的水灾也比较严重。靖康之难发生之后,新任的皇帝颠沛流离,政府也无法有效地得到各地灾情的奏请。尽管有零星的记载,整体来说缺乏较为详细的记录。直到绍兴八年(1138)正式定都临安之后,政府机构行政功能恢复之后,从杭州开始,各地关于灾情的详细记录才奏报的朝廷。自此到 1230 年前后,水灾的高发期,特别是前期,有多次连续水灾记录,如 1157—1170 年,1172—1181 年,1183—1189 年。从 1230 年到 1260 年气候开始转暖,这时候确实是水灾的低发期。从记录来看 1261 年之后到 1274 年前后,水灾发生频率也非常之高。

---

① 李华瑞:《论宋代的自然灾害与荒政》,载《首都师范大学学报》(哲学社会科学版)2013 年第 2 期,第 1 - 9 页。

从水灾发生的季节月份特征来说,宋代水灾夏秋季节,从 4 月份到 9 月份最为集中,秋冬季节相对要少得多。但如果比较南宋和北宋的记录,有些细微的差别,如北宋时期记录的水灾多发生在 6 至 9 月,南宋时期记录比较多的是 5 至 8 月,这是因为北宋和南宋所辖领土区域有别,在中国大陆地区一般雨带的推移也是自南而北,南宋时期,详细的水灾记录主要集中在南方,而北方黄河流域则绝大部分地区没有相应的记录统计。

2. 水灾的空间分布特征

就已有关于水灾的记录来看,在北宋和南宋都城及邻近京西、京东、两浙地区水灾记录最多,这主要是因为首都及附近地区特殊的位置所决定的。如果整体审视这些水灾记录,很好地对应到黄河、长江、淮河流域,以现在的行政区划来看,黄河流域的河南、河北、山东等省,长江流域的四川、湖北、江西、江苏、安徽等省,特别是流域交互省份,如处于黄河和淮河流域的河南、安徽,处于淮河流域和长江流域的江苏省,水灾次数非常之多,再者就是年降水相对较多的沿海地区如浙江、福建等省水灾次数也比较多。而相对干旱的西北地区如宁夏、甘肃等省,水灾的记录次数也确实较少。

3. 旱灾分布的时间特征

关于宋代旱灾的次数,邓拓、陈高佣、康弘等学者进行了统计,分别为 183 次[1]、226 次[2]、382[3] 次,近年张德二、邱云飞等又进行了整理分类统计,邱云飞重新整理得出的 259 次[4]数据较为可靠,其中北宋 148 次,南宋时期 111 次。

从时间分布特征来看从 960 年代到 1010 年代气候逐渐增暖时期,这是旱灾的频发期,连续三年以上旱灾记录就有 8 次之多,其中最为严重的特大干旱就是 989—992 年的特大干旱。从 1040 年代到 1110 年代气候增暖时期,旱灾发生的频率虽然略有降低,但在首尾阶段,却发生了连续的比较严重的干旱,如 1041—1047 年连续七年的旱灾记录,1073—1076 年、1096—1099 年、

---

①　邓拓:《中国救荒史》,上海书店 1984 年版,第 22 页。
②　陈高佣:《中国历代天灾人祸表》,上海书店 1986 年版,第 796 - 1085 页。
③　康弘:《宋代灾害与荒政论述》,载《中州学刊》1994 年第 5 期,第 123 - 128 页。
④　邱云飞:《中国灾害通史(宋代卷)》,郑州大学出版社 2008 年版,第 104 页。

1086—1090 年都是联系多年的旱灾记录,就灾害程度而言,尤其以熙宁年间(1073—1076)特大干旱最为严重。靖康之难发生之后,四五年左右的时间,因成立的南宋政府颠沛流离,没有详细灾荒记录。整体而言南宋时期旱灾发生的频率也比较高,其中 1167—1171 年,1180—1184 年,1191—1194 年,都是多年发生连续的旱灾。从 1230 年到 1260 年气候开始转暖,这个时期,正处于南宋后期,从记录的次数来说,似乎不算太多,但此时正是南宋政权风雨飘摇之时,可能有些记录无法奏报到朝廷,而已有的记录有好几次都是大旱的记录,因此使用这些记录时应仔细加以甄别。

从旱灾发生的季节月份上看,宋代的旱灾以春、夏、秋三季最多,除去时间不详的记载,4 至 8 月间最为集中。如结合具体史料看,常常会有春夏连旱、夏秋连旱和冬春连旱的情况发生。

4. 旱灾空间分布特征

和水灾的记载相似,就已有关于旱灾的记录来看,在北宋和南宋都城及邻近京西、京东、两浙地区水灾记录最多,这也主要是因为首都及附近地区特殊的位置所决定的。以现在的行政区划来看,黄河流域的河南、河北、陕西等省,长江流域的四川、湖北、湖南、江西、江苏、安徽等省,特别是流域交互省份,如处于黄河和淮河流域的河南、安徽,处于淮河流域和长江流域的江苏省,旱灾次数非常之多。南宋时期沿海地区如浙江、福建等省水灾次数也比较多,这主要是经济财税发达及特殊区位决定的。

第三章　两宋时期灾害应对的
组织管理

　　《天圣令》作为一部以唐令为蓝本参以宋代新制编纂的国家令典，对研究唐宋时期的政治、经济、社会、文化都具有重要的学术价值。本章从政府管理的视角，结合田令、赋役令、营缮令、杂令中相关令条，探讨了北宋时期政府水旱灾害的预防管理、灾害的应急管理及灾后应对处置管理等相关措施。

　　《天圣令》是北宋仁宗天圣七年（1029）由参知政事吕夷简和大理寺丞庞籍主持修订的重要国家令典，因久已失传，今无法见其全貌。上海师范大学教授戴建国偶然在宁波天一阁藏书中发现明抄本《官品令》一册，即为这部重要传世唐宋令典的残卷。自 1999 年，他在《历史研究》上发表《天一阁藏明抄本〈官品令〉考》①一文之后，引起了国内外学界的极大关注，嗣后中国社科院历史研究所组建《天圣令》整理课题组，联合宁波天一阁博物馆对相关文献进行了整理校正，并于 2006 年在中华书局出版②，为学者研究提供了重要的基础。而国内外学者的研究也取得了一定的成就，2008 年荣新江主编的《唐研究》专号十四卷——《天圣令》及所反映的唐宋制度与社会研究专号③，集中发表了国内外相关研究的代表性成果。《天圣令》作为一部以唐令为蓝本，参以宋代新制编纂的国家令典，对研究唐宋时期的政治、经济、社会、文化都具有重要的学术价值。本章拟从政府管理的视角，结合田令、赋役令、营缮令、杂

---

① 戴建国：《天一阁藏明抄本官品令考》，载《历史研究》1999 年第 3 期。
② 中国社会科学院历史研究所天圣令整理课题组：《天一阁藏明抄本天圣令校正》，中华书局 2006 年版。
③ 荣新江、刘后滨主编：《唐研究》第十四卷，北京大学出版社 2008 年版。

令中相关令条,探讨北宋前期政府水旱灾害管理的相关措施。

宋代是中国古代自然灾害频仍的一个朝代,而水旱灾害在其中占据了重要的部分。政府围绕如何应对灾害也制订了较为完善的预防应对管理措施,《宋史·食货志》记载:"水旱、蝗螟、饥疫之灾,治世所不能免,然必有以待之,《周官》'以荒政十有二聚万民'是也。宋之为治,一本于仁厚,凡振贫恤患之意,视前代尤为切至。"①而相关律令的出台也是政府重视应对管理的体现,它为具体的灾害应对管理提供了可靠的法律保障。《天圣令》相关条令,也体现了水旱灾害的预防管理、应急管理和灾后应对管理概况。

一、灾害预防管理

北宋时期,已有比较明确的灾害预防管理措施,《天圣令》中的田令、赋役令、营缮令、杂令等条令细则,揭示了北宋政府道路桥梁的日常维护、堰塘堤防的日常修治、河渠堰塘的用水管理等具体管理措施的概况。

1. 道路桥梁的日常维护

桥梁和道路在日常的交通中发挥着非常重要的作用,洪涝灾害常常会破坏桥梁和道路,因而平常的桥梁道路的及时维修就显得尤为重要。《天圣令·营缮令》中对京城及各州县的道路的维修责任、维修时间都作了明确的管理规定。

《天圣令·营缮令》(卷 28)宋令第 18 条:京城内诸桥及道,当城门街者,并分作司修营,自余州县料理。

《天圣令·营缮令》(卷 28)宋令第 19 条:诸津桥道路,每年九月半,当界修理,十月使讫。若有坑、渠、井、穴,并立标记②。

从史料中可以看出,北宋时期政府对桥梁道路维修的责任作了明确划分,京城内的道路和桥梁,除了通往城门的主道大街的重要桥梁道路由八作司负责修缮之外,除此之外的道路和桥梁由各州县负责修缮。掌管京师道路

---

① 〔元〕脱脱:《宋史》卷一百七十八,《志第一百三十一·食货上六》。
② 中国社会科学院历史研究所天圣令整理课题组:《天一阁藏明抄本天圣令校正》卷二十八,中华书局 2006 年版。

的街道司本隶属都水监,《宋史·职官志》记载:"掌辖治道路人兵,若车驾行幸,则前期修治,有积水则疏道之"①。至真宗景德四年(1007)六月,"并东西八作司、街道司为一司"②,街道司隶属八作司。八作司掌京师内外修缮之事,先后隶三司、提举在京诸司库务司,将作监。不仅如此,《营缮令》关于桥梁道路和渡口修缮的时间问题也作了具体规定,一般每年秋冬之际九月半开始修理,十月底完工。之所以有这样的法律规定,确实存在有不按时修缮、作奸犯科的现象。《续资治通鉴长编》记载:"(乾德五年)是岁,命川陕诸州长吏通判并兼桥道事,朝廷尝遣使治道襄州,岁常五六辈一使,所调发民皆数百人,吏缘为奸,多私取民课,所发不充数,道益不修。知州太子宾客边光范计其工,请以州卒代民,官给器用,役不淹久,民用无扰,诏书褒之。"③从史料来看在桥梁道路的修缮过程中确实有官方派出役工到地方不作数,另外私取民课及不及时修缮等作奸犯科的现象,乾德五年(967)朝廷下令川陕诸州的长吏通判负责地方的道桥之事,可以说落实了责任官员,而令典的制订就从制度上保障了修缮工程管理,以免久拖不修的现象。

不仅如此对于令典规定道路上凡有"坑、渠、井、穴"等危险障碍的地方必须设立明显的标记,以免给行人带来意外伤害,从中我们也能看出当时政府对公共设施工程管理的重视。

2. 堰塘堤防的日常修治

在洪涝灾害的预防中,堰塘的修治和堤防的维护非常重要,《营缮令》中对此问题有明确的法律规定。堰塘在水旱灾害的应对中发挥着非常重要的作用,日常维护的好坏,对水旱灾害的应对能力产生重要影响。《营缮令》不仅有明确的日常检视、费用预算规定,也有修理时间、官民结合的明确规定。

《天圣令·营缮令》(卷28)宋令第20条:诸堰穴漏,造绁及供堰杂用,年终预料役工多少,随处供修,其功力大者,检计申奏,听旨修完。

《天圣令·营缮令》(卷28)宋令第26条:诸近河及陂塘大水,有堤堰之

---

①　〔元〕脱脱:《宋史》卷一百六十五,《志第一百一十八·职官五》。
②　〔宋〕李焘:《续资治通鉴长编》卷六十五。
③　〔宋〕李焘:《续资治通鉴长编》卷八。

处，州县长吏以时检行。若须修理，每秋收讫，劝募众力，官为总领。或古陂可溉田利民，及停水疏决之处，亦准此。至春末使讫。其官自兴功，即从别敕①。

分析史料，宋令第 20 条专为堤堰维修物料管理的令典，日常的造组及供堰杂用和所使用役工多少，全部费用由政府负担。所需费用人力特别大的，经过审核后单独申报，得到朝廷的旨意后，按规定时间修完。如《续资治通鉴长编》记载："景祐元年（1034）秋十一月癸未，三门白波运使文洎言：诸埽须薪刍竹索，岁给有常数，费以巨万计，积久多致腐烂，乞委官检核实数，仍视诸埽紧慢移拨，并斫近岸榆柳添给，免采买搬载之劳，因陈五利，诏三司详所奏，遂施行之。"②从史料可以看出，重要堤防地段的维护材料、费用，每年有固定的常数，如果材料用不掉，积久就会腐烂，官员文洎就上书朝廷，委派官员根据诸重要堤防地段每年的实际需要拨给，并应当尽量就地取材，结果得到皇帝的批准。

宋令第 26 条应该是专对日常巡护维修方而言的，州县的长吏应该遵照规定的时间去巡查，需要修理的，秋收完毕之后，地方官员统领，动员各方面力量修缮。有能够利民灌溉田地的古陂塘需要修缮的亦参照此办法。令典规定，修缮工程务必在春末完工，以确保汛期到来之时陂塘能够发挥相应的功效。

令典还作出特别的规定，地方官员自行提出兴修水利设施的，应当报经朝廷后，遵照敕令执行。《续资治通鉴长编》记载："大中祥符九年（1016）六月丁亥，知许州石普请于大流堰穿渠置二斗门，引沙河以漕京师，遣使按视，又请废段家镇移于建雄镇，诏问知陈州冯拯，拯言无害，乃许农隙兴事。"③从史料来看，在许州任官的石普，提出建议，在大流堰修建一条新渠，把沙河联通京师的水系，以便利京师的漕运，朝廷对地方官员提出的兴修水利之事，还是非常审慎的派出专门的官吏调查研究，咨询相关的地方官员，之后上报朝廷同意乘农闲之时兴修。当然也有地方官员申报后被否定的，《续资治通鉴长编》记载："熙宁五年（1072）五月，提举陕西常平等事国子博士沈披言：乞复京

---

① 中国社会科学院历史研究所天圣令整理课题组：《天一阁藏明抄本天圣令校正》卷二十八，中华书局 2006 年版。
② 〔宋〕李焘：《续资治通鉴长编》卷一百一十五。
③ 〔宋〕李焘：《续资治通鉴长编》卷八十七。

兆府武功县古迹六门堰,于石渠南二百步傍为土洞,以木为门回改河流,可溉田三百四十里。诏:陕西提举常平司官一员与披同相度,如合兴修,即计工以闻。其后竟无功。"①从史料看提举陕西常平司的国子博士沈披,提出要修复武功县水利古迹六门堰,朝廷下诏令提举陕西常平司一名官员与沈披一同查勘,如果适合兴修,计算功役奏报朝廷。从"其后竟无功"的评述来看,应该是查勘后不适合兴修,方案被朝廷否定,因此才无果而终。

堤防直接关系到河道的防洪安全,天圣令之营缮令堤防也有明确的管理规定。

《天圣令·营缮令》(卷 28)宋令第 28 条:诸傍水堤内,不得造小堤及人居。其地内外各五步并堤上,多种榆柳杂树。若堤内窄狭,随地量种,拟充堤堰之用②。

种树护堤的法律规定在唐代就已经出现,《文苑英华》记载:"修堤请种树,判乙修堤毕,复请种树功价,有司以为不急之务,乙固请营缮令:诸傍水堤内不得造小堤及人居,其堤内外各五步并堤上种榆柳杂树,若堤内窄狭,地种拟充堤堰之用。"③从判文中可以看出,某官吏修治堤防完毕之后,向朝廷有关部门申奏堤上种树的役工和预算,相关职能部门以为是无关紧要的事情不予批复,于是他就搬出营缮令相关的规定据理力争。

分析史料可以看出,令典规定堤防内的行洪区域不得修造的小堤坝以及民居,以免妨碍河道的行洪,从防洪技术看,这是非常科学的管理措施。此外对于堤防的维护,令典规定,堤内外五步距离的地方以及河堤之上,应该多种榆柳等杂树。如果堤内的地形狭窄,可以根据堤防防洪实际需要的多少,另选田地栽种,以冲抵堤堰防洪之用,不必拘泥于五步的规定。榆树、柳树在古代的防洪中发挥着重要的作用。榆树为阳性树种,喜光,耐旱,耐寒,耐瘠薄,不择土壤,适应性很强。根系发达,抗风力、保土力强。榆木木性坚韧,纹理通达清晰,硬度与强度适中。柳树则为耐旱,耐水湿,为湿生阳性树种。喜生

---

① 〔宋〕李焘:《续资治通鉴长编》卷二百三十三。
② 中国社会科学院历史研究所天圣令整理课题组:《天一阁藏明抄本天圣令校正》卷二十八,中华书局 2006 年版。
③ 〔宋〕李昉:《文苑英华》卷二百五十六。

于河岸两旁湿地，短期水淹及顶不致死亡。高燥地及石灰质土壤也能适应。柳木木性也比较坚韧。这些特性表明生长着的榆柳对水土保持有很好的功效，遇到洪水时又能成为加固堤防的重要材料。

正因为如此朝廷非常重视榆柳的栽种问题，开国之初宋太祖就下达了相关命令。《续资治通鉴长编》："建隆三年（962）九月丙子，禁民伐桑柘为薪，又诏：黄汴河两岸每岁委所在长吏课民多栽榆柳，以防河决。"①又《宋大诏令集》记载："开宝五年（972）春正月己亥，诏：修利堤防，国家之岁事，劝课种植，郡县之政经，缮完未息于科徭，刊伐虑空于林木，如闻但责经费，不思教民，言念于兹，殊乖治体。自今应沿河州县除旧例种植桑麻外，委长吏课民别种榆柳及所宜之木，仍按户籍高卑定为五等，第一等岁种五十本，第二等四十本，余三等依此第而减之，民欲广种树者，亦自任，其孤寡癃病者不在此例。"②从史料中可以看出，在黄河、汴河等河堤的维护及防洪中，榆树和柳树被赋予了重要的作用。朝廷命令按户籍的高下分为五等担负种植榆柳的任务。经过几十年持续不懈的努力到仁宗时期，堤防上榆柳覆盖面积已相当可观，蔡襄《端明集》有诗云："滔滔汴流急，行舟姑少止。长堤榆柳深，夜凉襟带褫。"③这应是当时真实情况的写照。

3. 河渠堰塘的用水管理

干旱之时，灌溉对农业生产来说，显得尤为重要，而水利设施管理则发挥着重要的作用。营缮令对灌溉的措施、设施的管理及维护都有明确的规定。

《天圣令·杂令》（卷30）宋令第14条：诸取水溉田，皆从下始，先稻后陆，依次而用。其欲缘渠造碾硙，经州县申牒，检水还流入渠及公私无妨者，听之，即需修理渠堰者，先役用水之家④。

从令典中可以看出，朝廷规定：取河道陂塘之水灌溉田地时应当从最下面的田地开始，实行轮灌，遵循先稻田后旱田的用水灌溉原则。如果河渠沿线有想建造利用水力的碾硙之家，必须报经州县知晓，经审核确认水换流入

---

① 〔宋〕李焘：《续资治通鉴长编》卷三。
② 《宋大诏令集》卷一百三十二。
③ 〔宋〕蔡襄：《端明集》卷三。
④ 中国社会科学院历史研究所天圣令整理课题组：《天一阁藏明抄本天圣令校正》卷三十，中华书局2006年版。

渠,并且对公私没有妨碍的,可以建造。渠堰需要修理时,先征用用水之家的役工。而在实际的运营中,确有因建造碾硙而影响水利之事。《续资治通鉴长编》记载:"明道元年(1032)十一月辛卯,诏舒州吴塘堰自今令本县令佐一员岁检功料,以上户为陂头部众修筑之,仍禁民近塘置水碓硙及于陂腹种莳,其盗决者论如律。初淮南安抚使王骏言舒州民多近塘置碓硙,以夺水利事,下淮南转运司,而转运使舒式言吴塘聚竹落石为堰,其长百丈,折水而南,历五门北至竹子陂,凡十七堰溉田千顷,非官为修治则寖以废,故条约之。"①分析史料可以看出,舒州的吴塘堰确实存在因置碓硙影响水利灌溉及维护不力的情形,淮南安抚使王骏奏报之后,所以朝廷下令禁止在塘堰附近置碓硙,并号令地方官统领用水户中合力维修,而"上户为陂头"的诏令也很好地体现了令典中"先役用水之家"的法律规定。

二、灾害应急管理

灾害应急管理措施,是针对突发灾害而制订的应急处置措施,《天圣令》中除了水旱灾害应对的日常管理法律规定外,也有应急管理的法律规定。

1. 道路桥梁的应急抢修

如前所述,关于道桥的维护,非常情况下必须采取非常的措施。

《天圣令·营缮令》(卷28)宋令第19条:其要路陷坏停水,交废行旅者,不拘时月,量差人夫修理,非当司能办者申请②。

分析该令条可以看出,无论是陆路还是水路,当出现重要道路陷坏影响通行时,不必拘泥于秋冬维护的规定,应当根据实际情况估算功役的多少派人及时维修,如果确实无力承担的,应当上报申请朝廷派遣人力。

不过并不是所有奏请都能够得到应允,朝廷要根据实际情况来处置。如果不实事求是,要受处罚。《续资治通鉴长编》记载:"元丰三年(1080)八月丙申,知泾州虞部员外郎苏涓相度检计石渠桥工不当,请罚铜二斤。诏特展磨

---

① 〔宋〕李焘:《续资治通鉴长编》卷一百一十。
② 中国社会科学院历史研究所天圣令整理课题组:《天一阁藏明抄本天圣令校正》卷二十八,中华书局2006年版。

勘二年。"①从史料可以看出,知泾州虞部员外郎苏涓在估算修造桥梁的役工不当,自请罚铜二斤。朝廷下令延长两年的进阶时间。也有因此被免官的事例,《续资治通鉴长编》记载:"元丰四年(1081)九月己丑,新知滑州,朝请大夫周革乞出京师钱三二十万缗,修滑州桥及城,于开封府界,京西河北三路差兵。诏:昨曹村河决,值北使至,已尝于白马权系桥,专委将作监,绝不费力,今滑州修系工力,宜与前役不殊,今周革陈乞事目甚多滋张,必难委以办事,可差降授朝请郎俞希且知滑州,革依旧知陈州。"②从史料可以看出,元丰四年新任知滑州的朝请大夫周革请求朝廷钱三二十万缗、并征调开封府界、京西、河北三路维修滑州桥梁及城池。朝廷实际调查之后认为修桥修城之事,根本用不了这么多钱和役工,周革无故生出许多事来,难堪大任,于是就重新选派官员任职,周革仍回陈州任职。

2. 堤防堰塘的应急修缮

当出现洪水泛滥毁坏堤防时,堤堰的应急维护,也是如此,必须采取非常措施处置。

《天圣令·营缮令》(卷28)宋令第26条:若暴水泛溢,毁坏堤防,交为人患者,先即修营,不拘时限。应役人多,且役且申,若要急,有军营之兵士,亦得充役。若不时经始,致为人害者,所辖官司访察,申奏,推科③。

分析史料可以看出,令典规定,当洪水泛滥毁坏堤防,有可能给民众带来祸患时,应当及时营修,不必拘泥于秋收之后的时限。需要役工较多时,应当边营修边申奏朝廷。遇到紧急情况,如若军营有士兵必须充当役工参与抢修维护。如果不及时维护,造成严重后果的,经官府访察,申报朝廷后按律论处。

宋代有专门的不修隄防盗决隄防惩罚条例,《宋刑统》记载:"诸不修堤防及修而失时者,主司杖七十;毁害人家,漂失财物者,坐赃论减五等;以故杀伤人者,减斗杀伤罪三等;谓水流漂害于人,即人自涉而死者,非即水雨过,常非人力所防者,勿论。其津济之处,应造桥航及应置船栈而不造置,及擅移桥济

①　〔宋〕李焘:《续资治通鉴长编》卷三百七。
②　〔宋〕李焘:《续资治通鉴长编》卷三百一十六。
③　中国社会科学院历史研究所天圣令整理课题组:《天一阁藏明抄本天圣令校正》卷二十八,中华书局2006年版。

者杖七十,停废行人者杖一百。"①从史料可以看出,堤防损坏不修或者修理不及时,相关责任人受到杖七十的惩罚,造成财产损失和人员伤害的,参照坐赃论减五等和斗杀伤罪减三等的处罚。

北宋时期,军队在水旱灾害的应对中发挥着重要作用,这一点在应急管理中得到特别的体现。应对黄河水患是北宋时期军队的重要工作之一。《续资治通鉴长编》记载:"天圣元年(1023)八月乙未,募京东河北、陕西、淮南民输薪刍塞滑州决河,又发卒伐濒河榆柳,有司请调丁夫,上虑其扰民,故以役兵代焉。"②从史料不难看出,天圣元年为堵塞黄河滑州决口,朝廷不仅招募河北、陕西、淮南等地的民众运输柴草,又动用军队砍伐沿河的榆树和柳树。当时相关职能部门提出征调民夫砍伐沿河的榆树和柳树,为了不扰民,朝廷命令全部由军队承担。

根据《宋史·河渠志》《续资治通鉴长编》等史料记载,在黄河决堤决口抢修中往往动用大规模的军队,仅滑州一地就多次黄河堵口抢险的记载,如雍熙元年(984)堵滑州房村埽决口发丁夫10万、兵卒5万,天禧三年(1019)堵滑州天台埽决口发动兵夫9万人,天圣五年堵滑州天台埽决口发动兵夫五万九千人。如有士兵敢于违抗命令或造谣惑众者要受到严厉的惩罚。元丰元年,抢赌黄河曹村埽决口时,就发生过类似的事情。《续资治通鉴长编》记载:"元丰元年(1078)春闰正月丙子朔,提举修闭澶州曹村决口所兵马总管燕达言:'所总士卒甚众,如有犯无礼及呼万岁者,即于豁口处斩;若有扇摇军人,暑夺财物及阚呼动众,为首情重者,亦乞斩讫以闻,为从者减等配千里外牢城。'从之,仍诏差云骑第六一指挥为达牙队。"③从史料可以看出,为确保堵口工程的顺利完成,对所调用军队的士兵实行严格的军事管制措施,违令者要面临被处斩或坐牢的惩罚。

当地方发生重大灾害时,往往也会上奏朝廷,请求派军队援助。如《续资治通鉴长编》记载:"元丰七年(1084)秋七月丁未,知河南府韩绛言:近被水灾,自大内天津桥堤堰、河道、城壁、军营、库务等皆倾坏,闻转运司财用匮乏,

---

① 〔宋〕窦仪等:《宋刑统》卷二十七,法律出版社1999年版。
② 〔宋〕李焘:《续资治通鉴长编》卷一百一。
③ 〔宋〕李焘:《续资治通鉴长编》卷二百八十七。

难出办役兵,累经划刷府官职事烦多,欲望许臣总额赐钱十万缗,选京朝官选人使臣各三十五人,与本府官分头葺补,乞发诸路役兵三四千人。诏:转运司于经费余钱支十万缗,沈希颜往来与韩绛同提举营葺,及选使臣三员役兵于本路划刷二千人,如不足即和雇。"①从史料可以看出,元丰七年河南府遭受严重水灾,知府韩绛上书朝廷,请求火速派军队援助,得到朝廷的同意。

3. 斗门浮桥的应急管理

洪水来临时,浮桥的维护、河道堰塘斗门的及时起闭,也直接关系到民众生命财产的安危。《天圣令》对此也有明确的条文规定。

《天圣令·杂令》(卷30)宋令第18条:诸州县及关津所有浮桥及停船之处,并大堰斗门须开闭者,若遭水泛涨及凌渐欲至,所掌官司急备人工救助。量力不足者申牒。所属州县随给军人并船共相救助,勿使停壅。其桥漂没所失船木即仰当所官司,先牒水过之处两岸州县,量差人收接,递送本所②。

从令条可知,当遇到洪水或凌汛来临威胁浮桥的安全,及河道堰塘斗门的需要起闭时,负责的官员应当紧急征调人力前去救助。估计人力不足时向官府申奏,当地州县应当调拨军队和船只参与救助,不能让洪水或凌渐壅塞带来祸害。如果浮桥不幸被洪水或凌汛冲坏,漂没的船只或木料应当报告官府,并通知水流经过的州县,酌情派人收接,然后再送回浮桥所在地官府。

北宋时期,澶州黄河上的浮桥是沟通南北的重要通道,根据《续资治通鉴长编》记载,澶州浮桥用船四十九只组成,原本在温州制造,运抵澶州要两三年,后来就改为就地建造,于秦陇同州伐木,磁、相州取铁及石炭,就本州岛造船。而每当出现凌汛的紧急情况时,确实要出动军队处置③。如《续资治通鉴长编》记载:"至和元年(1054)十一月庚辰遣官祈雪,赐河阳澶州浮桥打凌卒衲袄。"④分析史料可知,至和元年冬天,出现了干旱及气温升高的现象,所以黄河出现了凌汛威胁浮桥的安全,这时候政府派出军队打凌,确保浮桥的安全。万一浮桥出现受损的情况时,也会很快修复。如《续资治通鉴长编》记

---

① 〔宋〕李焘:《续资治通鉴长编》卷三百四十七。
② 中国社会科学院历史研究所天圣令整理课题组:《天一阁藏明抄本天圣令校正》卷三十,中华书局 2006 年版。
③ 〔宋〕李焘:《续资治通鉴长编》卷一百六。
④ 〔宋〕李焘:《续资治通鉴长编》卷一百七十七。

载："嘉祐二年（1057）十二月辛亥，诏：学士院承内降处分，自今并以关白中书、枢密院施行。先是，澶州言：河流损坏浮桥后，数日而修完之，遂下本院降敕奖谕。中书言：官吏护视不谨，法当劾罪，既令免勘，而诏亦追罢之。"①从史料可以看出，学士承旨院欲奖励修复浮桥迅速的官员。中书机构认为，这本来是官吏巡视不力造成的恶果，应当惩戒，而不应该奖励，结果取消了奖励的请求。

三、灾后应对管理

水旱灾害之后政府往往采取相关的措施针对相应的灾情采取救治应对措施，《天圣令》中的田令、赋役令、杂令中也有相应的灾后应对管理条例。

1. 受灾田地的争议处置

水灾过后原有的田地往往会被冲毁，灾后关于田地的疆界问题常常会引起纠纷，而条例的出台则为处置争议提供了保障。

《天圣令·田令》（卷21）宋令第4条：诸田为水侵射，不依旧流，新出之地先给被侵之家，若别县界新出，亦准此。其两岸异管，从正流为断②。

从该令条可以看出，当田地受到水流侵射后，河道改变原来的流向，新形成的土地应该优先分配给那些田地被冲毁之家。不同县界之间，遇到此类问题遵照此办法执行。如果河流两岸属于不同的县界管辖，以河流正中为界限划分。

根据史料记载，确实存在因洪灾导致田界纷争的例子。如《续资治通鉴长编》记载："讽先知平阴县，会河决王陵埽，水去而土肥，阡陌不复辨，民数争不能决，讽为手书分别疆里，民皆持去以为定券，无复争者。"③分析史料可知，黄河曾在王陵埽决口，洪水退去之后，平阴县界田地因河水冲淤变得非常肥沃，但是以前阡陌界限统统不复存在，民众因此纷争不已，任职平阴县的范讽

---

①　〔宋〕李焘：《续资治通鉴长编》卷一百八十六。
②　中国社会科学院历史研究所天圣令整理课题组：《天一阁藏明抄本天圣令校正》卷二十一，中华书局 2006 年版。
③　〔宋〕李焘：《续资治通鉴长编》卷九十八。

则把田产的疆界绘制到纸上，民众以此为划定疆界的凭据，没有再因此争议的。史料尽管没有明确提到范讽所依据法令，但从民众没有异议的表现推断，很可能就是依据此管理规定。而这种规定也在宋代得以延续，南宋的《庆元令·田令》十五条中记载："诸田为水所冲，不循旧流而有新出之地者，以新出地给破冲之家（注：可辨田主姓名者，自依退复田法），虽在他县亦如之。两家以上被冲而地少给不足者，随所冲顷亩多少均给具。两岸异管，从中流为断。"①从中不难判断，存留的相关令条基本与《天圣令》保持一致。

2. 灾后赋役的差派管理

水旱灾害之后，为了恢复正常的生产生活，朝廷往往会差科赋役进行修堤、堵口、兴修水利等。《天圣令》中相关令条则提供了较为详细的差科赋役细则。

《天圣令·赋役令》（卷22）宋令第9条：诸县令应亲知所部贫富、丁中多少，人身强弱。每因外降户口，即作五等定薄，连署印记，若遭灾蝗旱涝之处，任随贫富为等级。差科、赋役，皆据此薄。凡差科，先富强、后贫弱，先多丁、后少丁。凡丁分番上役者，家有兼丁者要月，家贫单身者间月。其赋役轻重，送纳远近，皆以此为等差，豫为次第，务令均济。薄定以后，依次差科。若有增减，随即注记。里正唯得依符催督，不得干预差科。若县令不在，佐官亦准此法②。

北宋时期，政府建立起一套较为完备的户籍制度，作为征收赋税和徭役的依据。从条令中可以看出，要求县令根据贫富、丁中多少、人身强弱等亲自注定五等丁产薄，是作为向管内百姓差派徭役的依据。发生水旱蝗虫等灾害之后，差科赋役都要遵照户等，赋役的轻重、派出的远近，都应按照此差薄征派，并考虑到贫富的均衡。

但在实际的执行中，各地官吏往往并不认真执行，经常出现差科不平的现象。《续资治通鉴长编》记载："诏：塞决河，州募民入刍揵，而城邑与农户等。讽曰：贫富不同而轻重相若，农民必大困，且诏书使度民力，今则均取之，

---

① 〔宋〕谢甫深：《庆元条法事类》，燕京大学图书馆1948年版。
② 中国社会科学院历史研究所天圣令整理课题组：《天一阁藏明抄本天圣令校正》卷二十二，中华书局2006年版。

此有司误也。即改符,使富人输三之二,因请下诸州以郓为率,朝廷从其言。"①从史料中可以看出,朝廷下达堵塞黄河决口的命令之后,地方官吏征派堵塞决口的柴草木料等物料时,贫富之家一律均等。范讽则上书朝廷,列举相关职能管理部门的失误之处,如果不考虑贫富的差别,一律同等征收,则会带来严重的社会问题。因而改变原来的征收办法,富人承担了三分之二,同时也请求朝廷诏令各州都照郓州的办法来执行,朝廷采纳了他的建议。

3. 公私财产的灾后处置

洪水灾害发生时,往往有大量的公私木材随水冲走,当漂失的财物被下游的民众捞取之后,如何处置,《天圣令杂令》中有比较具体的处置规定。

《天圣令·杂令》(卷30)宋令第14条:诸木为暴水漂失,有能接得者,并集于岸上,名立标榜,于随近官司申牒,有主识认者,江、河五分赏二、余水五分赏一。非官物,限三十日外,无主认者,入所得人。官失者不在赏限②。

从该令条可以看出,当民众打捞到漂失的木料时,应当集中到岸上,标明是打捞之物,然后向就近的官府申报情况。三十日内,如果有人认领,长江、黄河等大河赏给打捞者五分之二,其余河道赏五分之一。如果是私有财物,三十日之后无人认领的,全部归入所得人。而如果是官方的财物,不在赏给限内。如前所述,当桥梁被冲毁时,漂没的船只或木料应当报告官府,并通知水流经过的州县,酌情派人收接,然后再送回浮桥所在地官府。

《天圣令》作为北宋时期重要令典,在维持国家机器的正常运转中发挥着重要作用,尽管留存的抄本只是残卷,仍然我们能了解到关于北宋时期政治、经济、文化等方面的丰富的信息。田令、赋役令、营缮令、杂令中与水旱灾害管理相关令条并不太多,但也颇能反映政府灾害预防管理、灾害应急管理及灾后应对管理等方面的概貌。让我们能够了解北宋时期准确、细致的水旱灾害管理应对法律条例。

---

① 〔宋〕李焘:《续资治通鉴长编》卷八十九。
② 中国社会科学院历史研究所天圣令整理课题组:《天一阁藏明抄本天圣令校正》卷三十,中华书局2006年版。

第四章　北宋端拱、淳化年间北方
特大干旱及政府应对

　　北宋端拱(988—989)、淳化(990—994)年间的特大干旱是两宋灾害史上的重大事件。本章以史实为依据,梳理了这次特大旱灾的时空分布,分析了它对社会造成的危害,从皇帝的弭灾、灾荒的救助、赋税的减免、疾疫的防治、流民的安抚、水利的兴修、仓储的设置等方面探讨了北宋政府应对这次特大干旱的具体措施,探讨了重大灾害对社会发展的深刻影响。

　　北宋太宗统治时期,自端拱二年(989)起至淳化年间中国北方发生了连续多年、跨季度、大范围的干旱,是以学者在研究统计近 1 000 年来特大干旱时,往往提及①。但是这次特大干旱时空分布究竟如何? 它给社会带来了怎样的危害和影响? 政府又采取了哪些灾害管理应对措施? 这些问题迄今还缺乏系统的研究,本章拟在前人研究的基础上,对北宋端拱、淳化年间北方特大干旱及其社会应对作一探讨。

一、特大干旱的时空分布

　　中国古代对灾害的严重有不同的称谓,就旱灾而言,宋代常用小旱、微旱、旱、岁旱、大旱、旱甚、亢旱等灾害的程度进行描述,北宋端拱、淳化年间北方发生的旱灾之所以被定性为特大旱灾,是从其持续的时间、波及的范围以

①　李维京等:《中国北方干旱的气候特征及其成因的初步研究》,载《干旱气象》2003 年 12 月第 4 期。

及危害的程度三方面来判定的。

1. 特大干旱的空间分布特征

史料记载："端拱二年五月,京师旱,秋七月至十一月,旱,上忧形于色,蔬食致祷。是岁,河南、莱、登、深、冀、旱甚,民多饥死,诏发仓粟贷之。""淳化元年(990)正月至四月,不雨,帝蔬食祈雨。河南、凤翔、大名、京兆府、许、沧、单、汝、乾、郑、同等州旱。""十一月开封、大名管内及许、沧、单、汝、乾、郑等州,寿安、长安、天兴等二十七县旱。深冀二州、文登牟平两县饥。""淳化二年(991)年春,京师大旱。十一月大名、河中、绛、濮、陕、曹、济、同、淄、单、德、徐、晋、辉、磁、博、汝、兖、虢、汾、郑、亳、庆、许、齐、滨、棣、沂、贝、卫、青、霸等州旱。""淳化三年(992)春,京师大旱;冬,复大旱。是岁,河南府、京东西、河北、河东、陕西及亳、建、淮阳等三十六州军旱。"①

从史料不难看出,这次干旱波及的范围较大,今华北的大部分地区和西北的一部分地区都深受其害。从时间分布来看,就季而言有春季长时间大旱,夏秋连旱,冬春连旱,陕西、河南、山东的部分地区出现了连续几年干旱的灾情。从描述的旱甚、大旱等字眼判断,其受旱程度非常之深,故此学者在评述宋代的灾害时往往提及,并将其列为中国近1 000多年来的特大干旱之一。

2. 特大干旱的时间分布特征

关于这次特大干旱的持续时间学界有不同的观点,李维京等人认为从端拱二年至淳化二年,而满志敏推定淳化二年史料的记载可能有误②。但笔者检索相关史料发现此次特大干旱的时间非常之长,应该是从端拱二年持续到淳化三年。首先资料中关于992年的记载非常明确北方、南方均被波及,而991年的历史记载不能被轻易否定,就在同一年朝鲜和日本的史料中记载,就在同一时期发生了大范围的干旱情况,《高丽史》记载:"成宗十年(991)七月旱教曰:季夏已阑,孟秋将半,尚愆时雨,心轸忧怀。未知政化之陵夷欤?刑赏之不中欤?"③《日本气象史料》记载:"正历二年五月至七月(6月15日—9

---

① 〔元〕脱脱:《宋史》卷五,《本纪五·太宗二》。
② 满志敏:《中国历史时期气候变化研究》,山东教育出版社,第30页。
③ 《高丽史》五十四卷—志八—五行二—金—〇一四。

月 10 日),京都并诸国旱魃。"①差不多同一时期,中国、朝鲜、日本都有明确的干旱记载,这应该不是巧合,应是东亚地区大气气候异常的真实写照。

二、特大干旱对社会造成的危害

1. 饥馑

持续多年较大范围发生的旱灾,对农业生产危害甚重。从灾后政府调查的数据来看华北受灾地区出现了大面积的农业歉收,史料记载:"乾州三千三百九十一顷,鄑州三千六百九十顷""大名府管内夏苗六百八十顷旱损"。"淳化二年七月,大名、河中府、绛、濮、陕、曹、济、同、淄、单、德、徐、晋、耀、磁、博、繁、汝、兖、虢、汾、郓、(阶)[宿]、亳、(庆)[陈]、许、齐、滨、沂、贝贝、卫、青、霸等州皆言岁旱无麦。"②

农业的丰歉直接关涉到人民生存,严重旱灾造成了大面积的减产或绝收,势必引起饥荒。《宋会要辑稿》记载:"淳化元年二月九日,京东转运使何士宗言:登州岁饥,文登、牟平两县民四百一十九人饿死。""(淳化元年七月)是月,登州再言:文登县民二千六百六十二人饥死,诏悉令赈恤。"③从史料中可以看出受灾严重的文登县,因饥饿导致死亡的就有 3 000 多人。而挨饿的灾民更是不计其数,如《宋史》记载:"淳化元年,开封、河南等九州饥。""淳化三年,是岁,润州丹徒县饥,死者三百户。"④足见旱灾对社会造成的影响之大。

2. 蝗灾

旱灾常会引发其他灾害,其中与旱灾最相关的就是蝗灾,满志敏、张健民等学者已经两者的相关联系做了具体的分析。从史料来看,这次特大旱灾也引发了系列蝗灾。

《宋史·五行志》记载:"淳化元年七月,淄、澶、濮州、乾宁军有蝗。沧州

---

① 中央气象台、海洋气象台编:《日本的气象史料》,原书房昭和五十一年(1976)版,第 23 页。

② 〔清〕徐松:《宋会要辑稿》食货六十二,中华书局 1957 年版。

③ 〔清〕徐松:《宋会要辑稿》食货六十二,中华书局 1957 年版。

④ 〔元〕脱脱:《宋史》卷六十七,《志第二十·五行五》。

蝗蟵虫食苗。棣州飞蝗自北来,害稼。是月,许、汝、兖、单、沧、蔡、齐、贝八州蝗。""淳化二年二月,鄄城县蝗,是月,乾宁军蝗,六月,楚丘、鄄城、淄川三县蝗。""淳化三年六月甲申,京师有蝗起东北,趣至西南,蔽空如云翳日。七月,真、许、沧、沂、蔡、汝、商、兖、单等州,淮阳军、平定、彭城军蝗、蛾抱草自死。"①

从史料可以看出,特大的旱灾持续期间,990 年、991 年、992 年部分北方受旱地区确实伴生了蝗灾。蝗灾对农业生产的危害极大,可以说加剧了灾情。

3. 流民

灾荒发生后,人民为了活命,往往会离乡背井,逃往丰熟地区,形成流民。这次特大干旱,陕西是受灾较为严重的地区之一。陕西由于发生连年干旱,永兴、凤翔、同、华、陕等州岁旱,民多流亡。这一点在当时被贬到陕西做官的王禹偁诗中可以得到印证。淳化二年,庐州尼姑道安诬告著名文字学家徐铉。当时禹偁任大理评事,执法为徐铉雪诬,又抗疏论道安诬告之罪,触怒太宗,被贬为商州(今陕西商县)团练副使。在其被贬期间所写的《感流亡》一诗中记载了陕西灾民逃难的悲惨情形:"门临商于路,有客憩檐前,老翁与病妪,头鬓皆皤然,呱呱三儿泣,惸惸一夫鳏。道粮无斗粟,路费无百钱。聚头未有食,颜色颇饥寒。试问何许人,答云家长安,去年关辅旱,逐熟入穰川。妇死埋异乡,客贫思故园。故园虽孔迩,秦岭隔蓝关。"②可以说,这首诗形象地描述了人民为逃荒流离失所的悲惨景象。从灾害期间及灾害过后政府招募流亡的情形看,灾害造成的流民当不在少数。

4. 疾疫

大灾之后往往有大疫,这次特大灾害,京师地区是受灾最为严重的地区之一。到了淳化三年春天,京师爆发了严重的疫情。《宋史》记载:"淳化三年六月丁丑,黑风自西北起,天地晦暝,雷震,有顷乃止。先是京师大热,疫死者众,及北风至,疫疾遂止。"③从"京师大热,疫死者众"描述文字看来这次疾疫情,应该与干旱有关,并且导致了大量的灾民死亡。

---

① 〔元〕脱脱:《宋史》卷六十二,《志第十五·五行一下》。
② 〔明〕吴之振:《宋诗钞》卷一。
③ 〔元〕脱脱:《宋史》卷六十七,《志第二十·五行五》。

三、特大干旱的政府应对

每当灾害发生时,社会的方方面面都会动员起来应对危机。面对特大旱灾,在"君权神授"及"灾害天谴论"等传统思想支配下,代表"上天"统治人民的皇帝自然会做出弭灾的实际行动,以回应天心天意,并向臣民显示自己的希望尽早消除的努力。另一方面,各级政府也会采取一些具体的救治措施来积极应对灾害。

1. 弭灾的具体措施

所谓弭灾是指灾害发生后,在"君权神授"及"灾害天谴论"等传统思想支配下,代表"上天"统治人民的皇帝通过引咎自责,采取一些措施,以回应天谴,希望以此来求得上苍的原谅,消弭灾害。《救荒活民书》的作者董煟曾概括了君主通常采取的弭灾措施:"人主救荒所当行一曰恐惧修省;二曰减膳彻乐;三曰降诏求直言;四曰遣使廪;五曰省奏章而从谏诤;六曰散积藏以厚黎元"①。

(1)下罪己诏。端拱二年,旱灾发生之后,太宗皇帝就下罪己诏检讨自己的过失,《宋大诏令集》记载:"以旱罪己御札端拱二年十月辛未,万方有罪,罪在朕躬。顾兹雨雪愆期,应是祆星所致。为人父母,莫敢遑宁。直以身为牺牲,焚于烈火,亦未足以答谢天谴。当与卿等审刑政之阙失,念稼穑之艰难。恤物安人,以祈元祐。"②

(2)祈雨。旱灾发生时,皇帝往往通过祈雨方式,来解除灾害。如《宋史》记载:"淳化元年夏四月庚戌,遣中使诣五岳祷雨,虑囚,遣使分决诸道狱。"③从史料可以不难看出,太宗皇帝分别派人到五岳祈雨,希望以此感动上苍,降下甘霖,缓解旱情。淳化二年春京师继续大旱,又加上一些地区出现了蝗灾,皇帝忧心如焚,《续资治通鉴长编》记载:"淳化二年三月己巳,上以岁旱蝗手诏吕蒙正等曰:元元何罪,天谴如是? 盖朕不德之所致也,卿等当于文德殿前筑一台,朕将露其上,三日不雨,卿等共焚,朕以答天谴。蒙正等惶恐谢罪匿

---

① 〔宋〕董煟:《救荒活民书》卷一,《丛书集成初编》,中华书局 1985 年版。
② 〔宋〕《宋朝大诏令集》卷一百五十一,《政事四》。
③ 〔元〕脱脱:《宋史》卷五,《本纪五·太宗二》。

诏书。翌日而雨,蝗尽死。"①从皇帝"三日不雨、卿等共焚"的激烈言辞来看,严重的旱灾确实成了太宗皇帝的心腹大患。

(3)求直言。灾害发生后,皇帝也往往会借助检讨自己的机会,征求人们对朝政得失的意见,以求改过自新。往往就会有大臣出来借机臧否时政。《续资治通鉴长编》记载:"先是上召近臣,问时政得失。枢密直学士寇准对曰:洪范天人之际,其应若响,大旱之征盖刑有所不平。顷者祖吉、王淮皆侮法受赇赃数万计,吉既伏诛,家且籍没,而淮以参知政事沔之母弟,止杖于私室,仍领定远主簿,用法轻重如是,亢暵之咎殆不虚发也。上大悟,明日见沔切责之。"②从史料可以看出,寇准借机把处理祖吉、王淮受贿案中的司法不公正现象,报告给皇帝。

此外皇帝采取的弭灾措施还有减膳、撤乐、虑囚等措施,尽管这些措施在很大程度上只是帝王神道设教的具体体现形式,但也彰显了皇帝对灾情和民生的关注,有利于舒缓灾害所带来的社会危机,在精神上能起到团结民众积极抗灾的效果。

2. 救治的具体措施

(1)灾荒的救助。宋代灾情发生之后,往往根据灾情的严重程度及不同的灾情对象,采取不同的救助措施。南宋时期曾有官员对此进行过总结:"臣僚言:朝廷荒政有三:一曰赈粜,二曰赈贷,三曰赈济。虽均为救荒,而其法各不同,市井宜赈粜,乡村宜赈贷,而贫者不能自存者亦赈济。若漫而行之,必有所不可行,官司徒费而惠不及民。"③ 989—992年特大干旱的政府应对措施也基本上体现了赈粜、赈贷、赈济三种基本的措施。《宋会要辑稿》记载:"淳化元年二月九日,京东转运使何士宗言:登州岁饥,文登、牟平两县民四百一十九人饿死。诏遣使发仓粟赈贷,死者官为藏瘗,以钱五百千分给之,其逐州官吏不早具奏,仍劾罪以闻。"④"淳化元年秋七月,开封、陈留、封丘、酸枣、鄢陵旱,赐今年田租之半,开封特给复一年。京师贵粜,遣使开廪减价分粜。"

① 〔宋〕李焘:《续资治通鉴长编》卷三十三。
② 〔宋〕李焘:《续资治通鉴长编》卷三十。
③ 〔清〕徐松:《宋会要辑稿》食货六十八。
④ 〔宋〕徐松:《宋会要辑稿》食货五十五。

"淳化元年七月二十六日,河北转运使樊知古言深、冀州民饥。诏遣殿直成庭玉驰传发仓粟贷之,人五斗。是月,登州再言文登县民二千六百六十二人饥死,诏悉令赈恤。""淳化元年七月,河南府言洛阳等八县民饥,诏发仓粟赈之,人五斗。又以京师米贵,遣使臣开仓减价分粜,以赈饥民。"①从史料来看,对于受灾非常严重,饿死很多人的文登等地区,政府采取了赈济、抚恤等无偿救助措施。而对于深、冀、洛阳等地的民众,政府采取了赈贷措施,把粮食以借贷的方式提供给受灾者,助其度过灾荒。在京师地区,政府则采取了赈粜措施,也即以低于市场价的方式,把粮食卖给灾民,帮助他们度过难关。

(2)赋税的减免。宋代灾情发生之后,政府往往会先核实具体的受灾情况,然后再根据灾情采取具体的赈济措施,并逐渐形成了诉灾、检放、抄扎、赈济的严密程序。在四个环节中,检放处于承前启后的关键程序,它包含两项任务,一是检查灾伤,二是根据灾荒的程度确定免除田租的分数,故称"放税"。特大旱灾救治期间,政府也遵循了这样的程序,《宋会要辑稿》记载:"淳化元年七月,诏:开封府五县旱伤夏苗,开封一县全放,已耕改种者,免六分。陈留、封丘、酸枣、鄢陵四县各放夏税六分。"又"淳化元年十月,诏:乾州、郑州旱,损夏苗,遣官覆检,皆称及时改种。合依常例收租赋者,乾州三千三百九十一顷、郑州三千六百九十顷除旱损全放外,其合纳今夏正税并缘纳,乾州十分中特减五分。见催者,许以秋米豆折纳。十一月,诏大名府管内夏苗六百八十顷旱损,并权放今年夏税,内百三十顷各已耕种,合输纳者,特于十分中放三分。""淳化二年七月,大名、河中府、绛、濮、陕、曹、济、同、淄、单、德、徐、晋、耀、磁、博。繁、汝、兖、虢、汾、郓、宿、亳、庆、陈、许、齐、滨、沂、贝、卫、青、霸等州皆言岁旱无麦,诏遣使分路体量,凡三十八处,旱损苗五万二千八百三十七顷六十八亩,其合纳今年夏正税并缘料,并各除放。"②从史料可以看出,政府对检放工作做得非常深入细致,根据旱灾中禾苗受损的实际情况分别确定全免、十分中放六分、十分中减五分、十分中放三分等具体减免分数,使政府有的放矢地进行赈济。

①　〔清〕徐松:《宋会要辑稿》食货五十五。
②　〔清〕徐松:《宋会要辑稿》食货六十二。

抄扎是灾情发生之后,官府派,登记受灾人口情况,进而根据统计人口数据进行赈济。《宋会要辑稿》记载:"淳化元年八月,放凤翔府天兴五县等税,又减京兆府长安等八县民万三千一百十三户田及许、沧、单、汝州民其税十之六,皆以旱故。"①从史料中可以看出京兆府长安等八县税收减免措施就是根据户口的统计数据来进行的,这种措施对于灾害发生时期有大量流民存在的情况下,应该是一种对受灾情况把握更为准确的一种方法。

有时候即使朝廷视灾情给予了一定的赋税减免措施,一些州府也不一定就能完成赋税等任务,往往会拖欠朝廷的税赋。如《续资治通鉴长编》记载:"淳化三年二月,盐铁使魏羽等言:诸州茶盐主吏多负官课,请行决罚。上曰:当案问其实,若水旱灾沴致官课亏失者,非可加刑也。帝王者为天下主财尔,卿等司计,当以公正为心,无事割削,勿令害民而伤和气焉。"②从史料可以看出,盐铁使魏羽向皇帝奏请惩罚那些拖欠税赋的地方官吏,太宗皇帝却是颇为体察民情,要他具体情况具体对待,对那些确实因水旱灾害导致拖欠税赋的官吏,不应该惩罚,否则就会丧失公正。连年的干旱势必造成一些地方所欠朝廷的债务越来越多,给地方政府造成很大的压力,在这种情况下,政府往往会全部蠲免,减轻地方政府的压力。如《宋会要辑稿》记载:"淳化五年四月,诏开封府及诸道州、府欠淳化三年终已前夏秋税物、振贷斛斗,自来容限倚阁者,并予除放。凡斛斗、疋帛、丝枲、扉履之类,蠲放二百五十一万五千余贯石斤两焉。"③这样的情形,只有类似989—992年特大干旱的严重灾害时期才会出现。

（3）疾疫的防治。大灾过后往往接踵而至的就是大规模的疫情,端拱、淳化年间(989—992)连年持续的特大干旱之后也发生了疫情,其中京师辖区最为严重。如前所述,淳化三年。"先是京师大热,疫死者众。"④可见当时疫情的严重程度。面对这样的局势,朝廷一方面把刚刚整理编辑好的《太平圣惠方》颁行全国,另一方面又选派良医十名在京城重要路口诊视病人。

---

① 〔清〕徐松:《宋会要辑稿》食货七十。
② 〔宋〕李焘:《续资治通鉴长篇》卷三十三。
③ 〔清〕徐松:《宋会要辑稿》食货七十。
④ 〔元〕脱脱:《宋史》卷六十七,《五行志五》。

《续资治通鉴长编》记载："淳化三年五月,上复命医官集太平圣惠方一百卷。己亥,以印本颁天下。每州择明医术者一人补博士,令掌之,听吏民传寫。"①太平圣惠方编纂与太宗对医学的重视不无关系,太宗平素留心医学,收得要方千余首,太平兴国三年诏翰林医官征集天下名方万余首,令尚药奉御王怀隐、王祐、郑彦、陈昭遇校勘编类,淳化三年编纂而成,时值京城灾害流行,朝廷颁诏诸道州府各赐二本,并设置医博士专职掌管,以示朝廷对疾疫灾害和天下苍生健康的重视。

除此之外,又选派良医十名在京城重要路口诊视病人,拨出专款钱五十万,收治病人。

《宋大诏令集》记载："淳化三年五月戊申,选良医诊视京城病人诏:古先哲王之爱民也。大暑流烁,必施扇暍之仁。凶年饥馑,必有淖糜之赐。如闻今岁,天灾流行,间阎之民,疾疫相继。既医药之不给,必阂夭之居多。用伸救疗之恩,庶推勤恤之意。宜令太医署,选良医十人,分于京城要害处。听都人之言病者,给以汤药。扶疾而至者,即与诊视。赐太医钱伍拾万,分给为市药之直。中黄门一人,往来按行之。"②

从史料记载来看,这一积极的应对举措,一个月左右就收到了很好的效果,淳化三年六月疫情得到了有效的控制,《宋史·五行志》把疫情得到有效控制的功劳归因于六月刮起的一场大风,从实情考量当与政府的积极救治措施密切相关。

（4）水利的兴修。旱灾为害之时,更是凸显出水利设施的重要性。在灾害应对时,兴修水利当然是政府重要的应对举措。这次特大旱灾中,陕西京兆泾阳县是受灾严重的地区之一,原本有的水利灌溉设施因为年久失修,在旱灾肆虐之际不能够充分发挥其功用。于是有人趁机上书朝廷重新修治。《宋史》记载："三白渠在京兆泾阳县。淳化二年秋,县民杜思渊上书言:泾河内旧有石翣以堰水入白渠,溉雍、耀田,岁收三万斛。其后多历年所,石翣坏,三白渠水少,溉田不足,民颇艰食。乾德中,节度判官施继业率民用梢穰、笆

---

① 〔宋〕李焘:《续资治通鉴长编》卷三十三。
② 〔宋〕《宋朝大诏令集》卷二百十九,《政事七十二》。

篱、栈木,截河为堰,壅水入渠。缘渠之民,颇获其利。然凡遇暑雨,山水暴至,则堰辄坏。至秋治堰,所用复取于民,民烦数役,终不能固。乞依古制,调丁夫修叠石䃂,可得数十年不挠。所谓暂劳永逸矣。诏从之,遣将作监丞周约己等董其役,以用功尤大,不能就而止。"①从史料来看,朝廷采纳了杜思渊的建议,派将作监丞周约己负责具体的修治事宜,后来因为工程浩大,全部修治措施未能完工,但它为后来景德年间的工程修治打下了一定的基础。

(5)流民的招抚。如前所述,989—992年北宋特大干旱也造成了大量的流民,流民的大量存在一方面给流入地社会安定带来很大的影响,另一方面对流民来说,只有有了可靠的生活来源恢复正常的生活他们自己也才能安定下来。因而,在灾情稍稍稳定之后,政府往往会出台一些措施来招抚流民回归家园。旱灾发生之后,政府曾多次招抚流民。《宋会要辑稿》记载:"淳化二年正月,诏:永兴、凤翔、同、华、陕等州,岁旱,民多流亡,宜令长吏设法招携。有复业者,以官仓粟贷之,人五斗,仍给复。"从这里可以看出,朝廷督促地方官吏想方设法招抚流民,回归复业者,官方从官仓借贷给每人,五斗粮食,并予一定的复业时限。

淳化四年(993)初,特大旱灾基本度过之后,政府加大了招抚流民的力度,《续资治通鉴长编》记载:"淳化四年二月,上以江淮两浙陕西比岁旱,灾民多转徙,颇恣攘夺,抵冒禁法。己卯,遣工部郎中直昭文馆韩授、考功员外郎直秘阁潘慎修等八人分路巡抚,所至之处,宣达朝旨,询求物情,招集流亡,俾安其所,导扬壅遏,使得上闻,案决庶狱,率从轻典,有可以惠民者,悉许便宜从事。官吏有罢软不胜任、苛刻不抚下者,上之。诏令有所未便,亦许条奏。"②从史料看,为了解决流民带来的骚扰抢夺,违法乱纪等问题,朝廷派遣工部郎中直昭文馆韩授、考功员外郎直秘阁潘慎修等八人分路巡抚,传达朝廷旨意,督促地方官吏解决流民问题。

为了配合地方工作,朝廷又出台了具体的优惠措施,淳化四年三月,太宗在《招诱流民复业给复诏》中明确规定:"回归五年,始令输租调如平民",淮

---

① 〔元〕脱脱:《宋史》卷九十七,《志第四十七·河渠四》。
② 〔宋〕李焘:《续资治通鉴长编》卷三十四。

南、两浙等地,流民在五年之外"只令输十分之七","诸州逃民,限半年悉令复业,特与给复一年"①。从史料中可以看出针对灾情不同的区域,政府采取了相应的鼓励措施,其目的就在于鼓励流民回归。

此外关于流民的招抚还有一种特殊情况,灾害发生之时,边境无力养活子女的父母往往会卖儿卖女到邻近没有受灾的境外政权和部落。989—992年陕西部分地区受灾特别严重,很多家庭忍痛割爱把子女卖到了邻近境外部落和地区,为了抹平这些做父母的心灵的创伤,政府也采取了一些积极措施进行抚慰。《宋史》记载:"太宗淳化二年诏:陕西缘边诸州饥民有鬻男女入近界部落者,官赎之。"②从史料中可以看出,为了安抚这些受灾的民众,凡是发生子女被卖到了邻近境外部落和地区的家庭,由政府出钱赎回子女,这对那些饱受灾难之苦的家庭,无疑是一种精神上的巨大抚慰。

(6)仓储的建置。仓储在灾害赈济中发挥着重要的作用,中国历代帝王都十分重视仓储的建设。特大旱灾给社会造成的巨大影响,使统治者进一步认识到了仓储建设的重要性,宋代常平仓和惠民仓的建设就在此次特大旱灾发生时期。

常平仓发轫于先秦时期管仲的"敛散平准"和李悝的"籴粜敛散"思想。李悝言:"粜,甚贵伤人,甚贱伤农。人伤则离散,农伤则国贫。故甚贵与甚贱,其伤一也。善为国者使人无伤而农益劝——故大熟则上籴三而舍一,中熟则籴二,下熟则籴一,使人适足,价平则止,小饥则发小熟之所敛,中饥则发中熟之所敛,大饥则发大熟之所敛,而粜之,故虽遇饥馑水旱,粜不贵而人不散,取有余以补不足也。"③最早见于史书记载的常平仓,依大司农耿寿昌的奏请于汉宣帝五凤四年(公元前54年)在边境设置,魏晋至隋唐时有兴废,唐代天宝年间,达到一个高峰"天下平籴,殆五百万斛。"

五代动乱,仓储寝废。特大旱灾,让朝廷进一步认识到仓储建设的不足。遂于淳化三年六月在京师建常平仓。《续资治通鉴长编》记载:"太宗淳化三年六月,辛卯,分遣使臣于京城四门置,增价以籴,令有司虚近仓以贮之,命曰

---

① 《宋大诏令集》卷一百八十五。
② 〔元〕脱脱:《宋史》卷五,《本纪第五》。
③ 〔汉〕荀悦:《汉纪》卷二十,《前汉孝宣皇帝纪四》。

常平,以常参官领之俟。岁饥,即减价粜与贫民,遂为永制。"①这是宋代常平仓建置之始,后经真宗时期推广,在地方广泛设立。其功用也由原来的平籴赈粜之用,逐渐扩展到赈贷、赈脊等功能。常平仓在赈灾平籴中发挥了重要的作用,宋人李心传曾言:"恤民赈灾,储蓄之政,莫如常平、义仓。"②苏轼知杭州时,用常平仓赈粜,效果显著。《救荒活民书》的作者董煟在评价常平仓的功用时曾说:"昔苏轼所论救荒大计,全在广粜常平斛斗,若乘艰食之际,平准在市米价,则人皆受赐,亦可免流移之灾,此外更无长策。"③足见常平仓所发挥的作用非常之大。

惠民仓的仓种最早创设于后周,"显德中,又置惠民仓,以杂钱分数折粟储之,岁歉,减价出以惠民"④。惠民仓创设的目的也主要是以赈粜为主。学者一般认为宋代的惠民仓创设于太宗在位时期,郭文佳等学者据史料推测惠民仓创设于淳化五年(994),此推断有误。《宋史》记载:"是时(太宗时)惠民所积,不为无备,又置常平仓,乘时增籴,唯恐其不足。"⑤《玉海》记载:"淳化五年十月,令诸州惠民仓故谷,遇籴稍贵,减价粜于贫民,人不过一斛。"⑥分析史料,不难看出,先有惠民仓然后才有常平仓,惠民仓的设立应在常平仓设立淳化三年之前。淳化五年很多地方都已建成惠民仓,遵照朝廷的诏令进籴谷物。笔者推断,北宋承继后周,应该有若干惠民仓,太宗在位期间根据赈灾的实际需求,在诸州扩大了惠民仓的建置范围。综合史料分析:惠民仓在诸州设立,不归政府直接管辖,比较分散,往往为地方官员所控制,一旦发生饥馑,能很快地发挥功用。正如王德毅所言:"地方长贰与他们的幕佐有权在互相监视下随时开仓减价出粜,无需层层申报,可迅速消弭饥馑于无形之中。"⑦正因为这种在灾荒来临之际能迅速发挥功用的特点,真宗以后惠民仓的建设得到了进一步的发展和完善,并在灾害救治中发挥了重要作用。

①　〔宋〕李焘:《续资治通鉴长编》卷三十三。
②　〔宋〕李心传:《建炎以来系年要录》卷一百三十。
③　〔宋〕董煟:《救荒活民书》卷一。
④　〔元〕脱脱:《宋史》卷一百七十三,《志第一百二十九·食货上四》。
⑤　〔元〕脱脱:《宋史》卷一百七十八,《志第一百三十一·食货上六》
⑥　〔宋〕王应麟:《玉海》卷一百八十四。
⑦　王德毅:《宋代灾荒的救济政策》,台湾商务印书馆 1970 年版,第 60 页。

四、结 语

989—992 年北宋特大干旱,持续时间长、破坏性大,给社会带来巨大的危机。面对危机,政府采取了积极的应对措施,在灾荒的救助、赋税的减免、疾疫的防治、流民的安抚、水利的兴修、仓储的设置等方面都取得了很好的效果,使政府逐渐度过了灾荒,走出了危机。在灾害应对中政府积累了一些行之有效的经验,比如仓储的建置、救灾管理制度的设立等等,都为以后的灾害应对,打下了一个很好的基础。重温历史,我们也许能从历史的发展中汲取有益的经验,为完善今天灾害应对管理制度提供历史的借鉴。

第五章　北宋黄河决溢
及其应对措施

黄河水患对历代统治者都是一道难题,北宋时期黄河频繁决溢,为应对黄河的水患,政府也采取了一系列积极的措施。本章拟从堤防的修固、分水与临时滞洪、堵口应急、疏浚河道、兴修遥堤、迁移州军等方面对北宋时期治理黄河的措施加以探讨。

一、修固堤防

堤防在黄河防洪中发挥着重要的作用,如前所述,北宋建国伊始就注重堤防的维护,《续资治通鉴长编》记载:"丙子又诏:黄、汴河两岸,每岁委所在长吏课民多栽榆柳,以防河决。"①这里明确提到栽种榆柳的目的是巩固堤防以访河决。据相关资料记载和学者研究,易于决溢的黄河下游到北宋初年已经形成了全线连贯的黄河堤防。首都东京濒临黄河,黄河的安危对首都有非常重要的影响,堤防作为防洪的重要屏障,自然受到朝廷的格外重视。

宋太祖时期窦义主持修订的法典《宋建隆重详定刑统》对堤防有明确的规定:"诸不修堤防及修而失时者,主司杖七十;毁害人家漂失财物者,坐赃论减五等;以故杀伤人者减斗杀伤罪三等。议曰:依营缮令,近河及大水有堤防之处,刺史县令以时检校,若须修理,每秋收讫量功多少差人夫修理。若暴水泛溢损坏堤防交为人患者,先即修营不拘时限。若有损坏当时不即修补,或

---

① 〔宋〕李焘:《续资治通鉴长编》卷三。

修而失时者主司杖七十,毁害人家谓因不修补及修而失时为水毁害人家漂失财物者,坐赃论减五等。诸盗决堤防者杖一百。谓盗水以供私用,若为官检校虽供官用亦是。若毁害人家及漂失财物赃重者坐赃论,以故杀伤人者减斗杀伤罪一等;若通水入人家致毁害者亦如之,其故决堤防者徒三年,漂失赃重者准盗论;以故杀伤人者以故杀伤论。臣等参详今后盗决堤防致漂溺杀人,或冲注却舍屋、田苗、积聚之物,害及一十家以上者头首处死,从减一等,溺杀三人或害及百家上者以元谋人及同行人并处死。如是盗决水小,堤堰不足以害众及被驱率者,准律处分。"①从史料看,不按规定修筑堤防或者修筑不及时者,要受到杖七十的处罚,导致财产损失者,坐赃论减五等。因为过失导致死伤者,减斗杀伤罪一等。至于盗掘堤防,造成民众财产生命损失者,要受到更为严厉的处罚直至死罪。

根据史料记载,确实有负责巡护的官员因工作不力被处死或处罚的例子。《续资治通鉴长编》记载:"太祖开宝四年(971)十一月庚戌,河决澶州,东汇于郓、濮,坏民田。上怒官吏不时上言:遣使按鞫。是日,通判、司封郎中姚恕坐弃市。"②又"真宗咸平三年(1000)五月甲辰,河决郓州王陵埽知州马襄通判孔勗坐免官,巡堤左藏库使李继元配隶许州。"③

不仅如此,为了确保堤防的安全,朝廷还下令沿河州县的堤防官吏,加强对堤防的巡视监管。《宋史》记载:"真宗咸平三年五月,河决郓州王陵埽,浮巨野入淮泗,水势悍激,侵迫州城。是年诏:缘河官吏虽秩满,须水落受代知州,通判两月一巡堤,县令佐迭巡堤防,转运使勿委以他职。又申严盗伐河上榆柳之禁。"④由《续资治通鉴长编》记载:"真宗咸平三年五月丁未诏:缘黄汴河令佐常巡护堤岸,无得差出,有阙流内铨实时注,拟勿使乏人。"⑤从史料看,朝廷要求通判每两月必须全面巡视堤防一次,县令辅佐。并严禁盗伐护堤之榆柳,以确保堤防的安全。同年,朝廷又下令,黄河、汴河的堤岸应派专人巡护,不得随便派出差遣,一旦人员有缺,应及时补充。

---

① 〔宋〕窦仪:《宋刑统》卷二十七。
② 〔宋〕李焘:《续资治通鉴长编》卷四十七。
③ 〔宋〕李焘:《续资治通鉴长编》卷十二。
④ 〔元〕脱脱:《宋史》卷九十一。
⑤ 〔宋〕李焘:《续资治通鉴长编》卷四十七。

为了应对黄河的洪水威胁,朝廷每年都要在易于决溢的险段,准备物料,以备抢险堵口之需。一旦出现大的决口,往往又需要很多的物料用于堵口固堤之用。有时备用不足,要从民间征调大量的防洪物料。河北大名府地处黄河下游,常受黄河洪水威胁,河堤经常决溢。一些豪强为了图利,竟然打起了河堤主意,诱使奸人破坏河堤,是以年年决溢,他们从中可以高价卖防洪物料牟利。《续资治通鉴长编》记载:"太宗淳化四年十月,先是大名府豪民有峙刍荛者将图厚利,诱奸人潜穴河堤,仍岁决溢。知府事赵昌言识其故,一日堤吏告急,昌言命径取豪家仓积以给用,由是无敢为奸利者。"①从史料看赵昌言在大明府任职时,获悉了这一情况,在河防应急时下令把豪强囤积居奇的防洪物料直接充公作为应急之用,这样才制止住靠盗掘河堤倒卖防洪物料牟利的现象。

宋代黄河频繁决溢,修固堤防次数非常之多,如何确保所修堤防的质量,宋代已经有了相关的检验方法。《宋史》记载:"咸平二年(999),是岁役浚河夫三十万,而主者因循,堤防不固,但挑沙拥岸址,或河流泛滥,即中流复填淤矣。德权须以沙尽至土为垠,弃沙堤外遣三班使者分地以主其役,又为大锥以试筑堤之虚实,或引锥可入者,即坐,所辖官吏多被谴免者,植树数十万以固岸。"②从史料看,谢德权针对浚河固堤敷衍了事的现象,采取了非常具体的检验措施,挑沙必须至土为限,所筑堤防用大铁锥测试虚实,如果堤防轻而易举地能被铁锥穿入,就要受到惩罚,通过检验,很多负责修筑河堤的官吏因其工程质量不合格被免。

二、分水与临时滞洪

黄河洪水发生时,往往来势凶猛,堤防薄弱地段往往经受不住冲击,造成决口。开口分水和设置滞洪区往往能解除险情。

真宗大中祥符四年(1011)八月,黄河在河北通利军决口,面对严重的灾

---

① 〔宋〕李焘:《续资治通鉴长编》卷三十四。
② 〔元〕脱脱:《宋史》卷三百零九,《列传第六十八·谢德权》。

情,有人就建议朝廷在黄河西岸开减水河,分减主河道的洪水压力。《续资治通鉴长编》记载:"真宗大中祥符四年八月戊辰,河决通利军,合御河,坏大名城,伤田庐。遣使发廪米赈,被水家人一斛。又遣使诣滑州经度西岸开减水河。上谓宰相曰:献计者言疏治此河,可以析水势,省民力,役成宜奖之。"①从真宗皇帝认为开减水河能"析水势、省民力"的评语来看,这项措施得到了皇帝的高度认可。

北宋时期关于黄河东流北流的争议一直不断,争议背后贯穿着一个核心问题:北流、东流影响在经济上的利害以及对首都安全的利害究竟如何? 正如学者所言:"北宋政权对于防洪利害的取舍是明确的,特别是涉及首都地区安危的时候更是如此。"遇到黄河洪水来临时,分水与滞洪区的选择往往以首都的安危为核心。《宋史·张问传》记载:"(仁宗时)擢提点河北刑狱,大河决,议筑小吴。问言:曹村、小吴南北相直,而曹村当水冲,赖小吴堤薄,水溢北出,故南堤无患。若筑小吴,则左强而右伤,南岸且决水并京畿为害,独可于孙、陈两埽间起堤,以备之耳。诏付水官,议久不决,小吴卒溃。"②从史料看,仁宗时期黄河决口,作为黄河两岸南北相对的曹村、小吴两埽如何加固提到议事日程。在张问看来,黄河洪峰来临时,南岸的曹村埽没有决口的重要原因就是依赖小吴埽堤防薄弱,水能溢出向北。如果把小吴埽堤防加固,南岸的曹村埽有决堤威胁首都安全的大风险。南北都可兼顾的一项措施是在孙、陈两埽筑起一道堤防,以防不测。皇帝下诏,让都水官核议,决议不决,小吴埽后来果然溃堤。

为确保首都的安全,当黄河洪峰来临时也会人为决堤,减除威胁首都的洪峰。《续资治通鉴长编》记载:"元丰七年(1084)八月河东注灵平埽,一夕溃岸,几决。希道曰:此正前日之曹村也,事不可再。即驰至河上自督役河,得无虞。先是河决小吴南,直灵平下埽甚急,当岁有水患,乃请开大吴口,导河循西山北流,论者以为得禹之旧迹,自是曹村无水患矣。"③从史料看通过人为掘开曹村埽对面的大吴口,导河循西山北流,南岸堤防的压力才大大缓解。

---

① 〔宋〕李焘:《续资治通鉴长编》卷七十六。
② 〔元〕脱脱:《宋史》卷三百三十一,《列传第九十》。
③ 〔宋〕李焘:《续资治通鉴长编》卷三百四十八。

有人评价说这种措施是遵循大禹治水的旧迹,从此曹村埽水患就不会再发生。这应该是粉饰太平之词,背后是牺牲黄河北岸地区的利益,确保首都的安危。

哲宗元祐年间,长期从事水利工作的大臣张问,在相度河北水事时,也采取了分水的办法,缓解大明府的洪水威胁。《续资治通鉴长编》记载:"哲宗元祐元年(1086)十一月相度河北水事张问言:臣至滑州决口地分相视得,迎阳埽至大小吴埽水势低下,旧河淤,抑若复旧道恐功力难办,请于南乐大名埽地分开直河,并签河分引水势,以解北京向下水患,从之。"①

当然人为决堤,也要冒很大的风险,一般大臣没有朝廷的允许不敢决断。如《宋史·刘阒传》记载:"刘阒,字静叔,青州北海人。为冀州驻泊总管,河水涨,堤防垫急。阒请郡守开青杨道口,以杀水怒,莫敢任其责。阒躬往浚决,水退。"②从史料看出,刘阒任冀州驻泊总管时,遇到黄河洪峰来临,堤防有溃决的危险,他请求郡守开决青杨道口,削减洪峰,郡守不敢承担责任,他亲自前往掘开,才使洪峰消退。

沈括《梦溪笔谈》中也有临时滞洪的应对洪水的事例。《梦溪笔谈》记载:"熙宁中,濉阳界中发汴堤淤田。汴水暴至,堤防颇坏陷,将毁,人力不可制。都水丞侯叔献时莅其役,相视其上数十里,有一古城急发汴堤,注水入古城中,下流遂涸。急使人治堤陷。次日古城中水盈汴流复行,而堤陷已完矣,徐塞古城所决,内外之水平而不流,瞬息可塞。众皆伏其机敏。"③从史料分析,这是连接汴河的黄河突然洪峰来临,导致汴河水暴涨,堤防承受巨大威胁,有溃堤之险。都水丞侯叔献利用废弃的古城作为滞洪区,掘开汴堤,缓解了水势,趁机加固了堤防,确保了汴堤的安全。

三、堵　口　应　急

宋代黄河水灾频仍,据史料记载仅北宋时期从建隆元年(960)到靖康二

---

① 〔宋〕李焘:《续资治通鉴长编》卷三百九十一。
② 〔元〕脱脱:《宋史》卷三百五十。
③ 〔宋〕沈括:《梦溪笔谈》卷十三。

年(1127)，黄河决溢有记载的年份就达 66 年之多，大大超过了前代。应对黄河决溢时，堵口是常用的防洪措施之一。宋代关于堵口不仅在行政管理上有具体的措施，在河工技术上也有创新，为后世应对黄河泛滥积累了宝贵的经验。

1. 人员之组织

黄河堵口抢险，往往需要的庞大人力，一般日常巡护堤防的人数远远不够。政府往往通过调用军队士卒和紧急征调丁夫的措施应对。一旦发生决口，就会派士卒丁夫应急堵口，人数动辄成千上万，甚或几十万。

太祖称帝之后，非常重视黄河的安危，《续资治通鉴长编》记载："乾德四年(966)七月乙卯，上御讲武殿亲录系囚多所原减，河决滑州，坏灵河大堤。诏殿前都指挥使韩重赟、马步军都头王廷义等督士卒丁夫数万人治之，所涨泛民田悉蠲其秋租，至十月堤成，水复故道。"[①]又"太祖开宝五年(972)五月辛未，河大决澶州濮阳县，壬申命颍州团练使曹翰往塞之。翰辞于便殿，上谓曰：霖雨不止，又闻河决。朕信宿以来焚香上祷于天，若天灾流行愿在朕躬，勿施于民。翰顿首拜曰：昔宋景公诸侯耳，一发善言灾星为之退舍。今陛下忧及兆民，恳祷如是固宜上感天心，此必不能为灾也。河又决大名府朝城县，河南、北诸州皆大水。庚寅，河决阳武县，汴水决郑州、宋州。戊申，发诸州兵士及丁夫凡五万人塞决河，命曹翰护其役，未几河所决皆塞。"[②]从史料看出，为了堵塞决口，朝廷征调士卒丁夫的人数都有数万人之多。

太宗时期，也曾调用十多万人，堵塞黄河决口。《续资治通鉴长编》记载："太平兴国七年(982)六月丁卯，齐州言河决临济县，秋七月辛卯大名府言河决范济口。"[③]从史料看，黄河决口是在太平兴国七年七月，可一直到太平兴国八年十二月才堵住黄河决口，足见堵口之不易。

2. 物料之准备

黄河堵口除了需要大量的人力外，堵口所需的物料也非常之多。一般预备应急之物料，远远不够，需要大规模征调。有时工程过于浩大，短时间根本

①　〔宋〕李焘：《续资治通鉴长编》卷十三。
②　〔宋〕李焘：《续资治通鉴长编》卷十三。
③　〔宋〕李焘：《续资治通鉴长编》卷二十四。

无法准备,往往需要数年才行。

仁宗景祐元年(1034)七月,黄河在澶州横垄埽决口,河北大名府等地饱受水灾之苦,地方官吏请求朝廷及早堵塞决口,解除灾害。《续资治通鉴长编》记载:"十月初,大名府言:自河决横垄而德博以来,皆罹水患,请早行修塞。即诏王沿等相视。沿等以为河势奔注未定,且功大,未可遽兴。癸亥复遣侍御史知杂事杨偕、入内押班王惟忠、合门祗康德舆同往视度。既而,偕等言:欲且兴筑两岸马头,令缘堤预积刍藁,俟来年秋,乃大发丁夫修塞。从之。"①从史料看,接到地方官员的请求之后,皇帝极为重视,先派大臣王沿等实地查勘,王沿等查勘后奏报皇帝:因河流流向未定,且堵口工程浩大,不宜立刻实施。也许皇帝对此建议有疑问,派出侍御史知杂事杨偕等三人又再次查勘。杨偕等查勘后奏报皇帝:若要堵塞决口,必须首先要修筑两岸的马头(堵口时重要的辅助工程),还必须在堤岸上准备堵口的相关物料,等明年秋天,再征调大量的人力,实施堵口工程。

这些大臣的建议绝不是敷衍塞责,而是确实考虑到堵口工程的难度。庆历八年(1048),河决商胡,因为对堤防破坏极为严重,长时间未能堵塞。仁宗至和二年(1055)三月,朝廷准备实施堵口工程时,欧阳修对堵口之事,上书皇帝不能盲目兴工,并陈述了具体的理由。《续资治通鉴长编》记载:"欧阳修言:朝廷欲俟秋兴大役,塞商胡,开横陇,回大河于故道。夫动大众必顺天时、量人力、谋于其始而审,然后必行,计其所利者多,乃可无悔。比年以来,兴役动众,劳民费财,不精谋虑于厥初轻信利害之偏说,举事之始,既已仓皇,群议一摇,寻复悔罢。不敢远引他事。且如河决商胡,是时执政之臣不审计虑,遽谋修塞。凡科配梢芟一千八百万,骚动六路一百余州军官吏,催驱急若星火,民庶愁苦,盈于道涂,或物已输官,或人方在路,未及兴役,寻已罢修,虚费民财,为国敛怨,举事轻遽为害若斯。今又闻复有修河之役,聚三十万人之众,开一千余里之长河,计其所用物力数倍往年,当此天灾岁旱、民困国贫之际,不量人力、不顺天时,知其有大不可者五:盖自去秋至春半,天下苦旱,而京东尤甚,河北次之,国家常务安静赈恤之,犹恐民起为盗,况于两路聚大众,兴大

---

①　〔宋〕李焘:《续资治通鉴长编》卷一百六。

役乎？此其必不可者一也。河北自恩州用兵之后，继以凶年，人户流亡十失八九。数年已来稍稍归复，然死亡之余，所存无几，疮痍未敛，物力未充。又京东自去冬无雨雪，麦不生苗，将逾春暮，粟未布种。农心焦劳，所向无望。若别路差夫，又远者难为，赴役一出，诸近则两路力所不任，此其必不可者二也。往年议塞滑州决河时，公私之力未若今日之贫，虚然犹储积物料，诱率民财，数年之间始能兴役。今国用方乏，民力方疲，且合商胡塞大决之洪流是一大役也，凿横陇开久废之故道又一大役也，自横陇至海千余里埽岸久已废顿，须兴葺又一大役也，往年公私有力之时兴大役尚须数年，今猝兴三大役于灾旱，贫虚之际此其必不可者三也。"①

从欧阳修奏议中可以看出，他对不精心谋划，贸然兴师动众的做法极为不满，如朝廷曾经为准备堵口的物料，科配梢芟一千八百万，发动六路一百余州军官吏参与。可以当大量物料准备齐全，征调的士卒丁夫还在赶往堵口工地的路上，工程就停止了，确实是劳民伤财。再加上当时河北、京东地区遭遇灾害，人户流亡十之八九，物力匮乏，盲目上马塞河工程，实在不合时宜。欧阳修的建议确实比较中肯，大型工程的实施，也应该考虑到国家及地方的实际情况。

3. 堵口之技术

在应对黄河的频繁决溢中，堵口是经常实施的措施之一，北宋时期水工经过不断探索实践，积累了一些治理黄河的宝贵经验。兹以神宗时期，元丰五年黄河曹村堵口为例，分析北宋河工堵口之过程及技术特点。

熙宁十年（1077）七八月之间，黄河下游黄河西部连续大雨，最终导致黄河从决溢到决口。《皇朝文鉴》记载："澶州灵津庙碑文：熙宁十年秋，大雨霖，河洛皆溢，浊流汹涌，初坏孟津浮梁，又北注汲县，南泛胙城，水行地上，高出民屋。东郡左右地最迫隘，土尤疏恶，七日乙丑，遂大决于曹村下埽。先是积年稍背去，吏惰不虔，樏积不厚，主者又多以护埽卒给它役，在者十一二，事失备豫，不复可补，塞堤南之地斗绝三丈，水如覆盆，破从空中下。壬申澶渊以河绝流，闻河既尽，徙而南广深莫测，坼岸东汇于梁山、张泽泊，然后别为二，

---

① 〔宋〕李焘：《续资治通鉴长编》卷一百七十九。

一合南清河以入于淮,一合北清河以入于海。大川既盈,小川皆溃,积潦猥集,鸿洞为一,凡灌郡县九十五,而濮、齐、郓、徐四州为尤甚,坏官亭民舍巨数万,水所居地为田三十万顷。"①从史料记载来看,这次决溢造成的破坏非常严重,先是冲坏孟津浮桥,泛滥溢水,最终冲破曹村下埽,向南决口。由于黄河在此段已经成悬河,决口之后,河水似从天而降,故道断流,主流向东冲入梁山泊、张泽泊,然后又一分为二,一股汇入南清河入淮河,一股汇入北清河入海。濮、齐、郓、徐四州所受灾害尤为严重,冲坏官亭民舍无数,淹没三十万顷田地。

面对严峻的灾情,朝廷采取了一些应急措施。如开仓赈济,蠲免租税,择重建房屋安置灾民,收养无家可归者,假官地劝民耕种,招募流民等措施。《续资治通鉴长编》记载:"上曰:且置此事。河决曹村京东尤被其害,今以累卿廉既受命条举百余事,大略疏张泽泊至滨州以纾齐、郓而济、单、曹、濮、淄齐之间积潦,皆归其壑。郡守县令能救灾养民者,劳来劝诱,使即其功。发仓廪府库以赈不给,水占民居未能就业者,择高地聚居之,皆使有屋,避水回远未能归者,遣吏移给之,皆使有粟,所灌郡县蠲赋弃责,流民所过毋得征算,使吏为之地道,止者赋居,行者赋粮,忧其无田而远徙,故假官地而劝之耕,恐其杀牛而食之,故质私牛而予之钱,弃男女于道者收养之,丁壮而饥者募役之。初水占州县三十四,坏民田三十万顷,坏民庐舍三十八万家,卒事所活饥民二十五万三千口,壮者就功而食,又二万七千人得七十三万二千工给当牛,借种钱八万六千三百缗,归而论荐,士大夫后多朝廷所收用云。"②这些措施,对缓解灾情有一定作用。

曹村下埽决口,直接威胁着首都的安全。如何治黄,自然提到了议事日程。当时皇帝召集大臣商量应对之策,大臣提出了不同的建议。有人认为应当顺河南决所流之势,修筑新堤,形成借淮河入海的新河道。神宗皇帝本人就坚决反对这种办法。史料记载:"天子乃与公卿大议塞河,初献计者有欲因其南溃顺水所趋筑为堤,河输入淮海。天子按图书准地形览山川视水,以谓:

---

① 〔宋〕吕祖谦:《皇朝文鉴》卷七十六。
② 〔宋〕李焘:《续资治通鉴长编》卷二百八十四。

河所泛溢,绵地数州,其利与害可不熟计,今乃欲置旧道,创立新防,弃已成而就难,冀惮暂费而甘长劳,夹大险绝地利,使东土之民为鱼鳖食,谓百姓何?国家之事,固有费而不可省劳而不获已者也。"①神宗皇帝坚决反对的理由就是,筑新堤工程太大,费用又高,且可能给东部地区的民众带来灾难。也有人建议:组织大量的士卒丁夫,开挖故道河床导河北流。更有甚者,有人建议在北岸王莽河口处人为决开河堤,任黄河水自择出路,舒缓主河道的洪水,以保护首都附近地区的安全。还有人提议,利用夏津黄河故道导泄黄河水。《续资治通鉴长编》记载:"熙宁十年十二月甲申,手诏:比杨琰高靖检河道回,具所见条上,可召审问,参质利害,庶被灾之民不致枉有劳役。初河决曹村,命官塞之。而故道已淤高,仰水不得。下议者欲自夏津县东开签河入董固护旧河七十里九十步,又自张村埽直东筑堤至庞家庄古堤,袤五十里二百步,计用兵三百余万,物料三十余万。而琰等以为口塞水流,则河道自成。不必开筑以糜工役。上重其事,故令审问。仍诏侍御史知杂事蔡确同相视以闻,既而以确母病改命枢密都承旨韩缜,后缜言:涨水冲刷新河已成河道,河势变移无常,虽开河就堤及于河身创立生堤,枉费功力,欲止用新河,量加增修,可以经久,从之。"②从史料可以看出,一直到熙宁十年十二月,朝廷最终采用了杨琰的意见,决定堵复曹村决口,使黄河北入夏津故道。

尽管方案确定比较晚,曹村堵口的准备工作做得比较早。据史料记载堵口准备工作从熙宁十年九月二十三日开始,当时任命内都知张茂则、判都水监宋昌言、权判都水监刘映等三人主持堵口工作,也许对堵口问题非常着急,十月初三,神宗批评他们未能及时赶赴河工现场,仍在首都逗留,遂由宋昌言先行赴工筹备。初六日派遣役兵二万人赴役。十一月初九又决定由河北、淮南、京东、京西等路派夫堵口,为了免于偏远地区的劳役在路上奔波导致效率低下,朝廷又规定:距离澶州七百里以外的地区,可以按每夫出钱三百至五百,代替劳役。熙宁十年十二月,朝廷最终采用了杨琰的建议,正式实施堵口工作。元丰元年(1078)正月,成立提举曹村修闭所,改派荣州防御使燕达代

① 〔宋〕吕祖谦:《皇朝文鉴》卷七十六。
② 〔宋〕李焘:《续资治通鉴长编》卷二百八十六。

替张茂则主持堵口,即对堵口工作实行军事管制。同时,陆续拟定施工计划,计算工程量,安排工期,备料,备粮等。在物料和人工聚齐后,于闰正月十一日正式开始堵口。

关于堵口的具体步骤,《皇朝文鉴》有具体的记述:"矣明年立号元丰天子遣官以牲玉祭于河,而以闰正月丙戌首事。方河盛决时,广六百步。既更冬春,益侈十,两涘之间遂逾千步。始于东西籤为堤以障水,又于旁侧阔为河以脱水,疏渠为鸡距以酾水,横水为锯牙以约水,然后河稍就道,而人得奏功矣。既左右堤疆而下方益伤矣,初仞河深得一丈八尺,白水深至百一十尺,奔流悍甚,薪且不属,士吏失色,主者多病,置闻请调急夫,尽彻诸埽之储,以佐其乏,天子不得已,为调于旁近郡俾得蠲来岁春夫以纾民。又以广固壮城卒数千人往奔命,悉发近埽积贮,而又所蓄荐食藁数十万以赴之,诏切责塞河吏,于是人益竭作,吏亦毕力,俯瞰回渊,重埽九繂而夹下之。四月丙寅河槽合,水势颇却,而埽下湫流尚驶,堤若浮寓波上,万众环视,莫知所为。先是运使创立新意,制为横埽之法,以遏绝南流。至是天子犹以为意,屡出细札,宣示方略,加精致诚,潜为公祷,祥应感发,若有灵契。五月甲戌朔,新堤忽自定武还北流,奏至,群臣入贺,告郊庙,劳飨官师,遂大庆。"[1]从史料看,曹村决口刚形成时约 600 步宽,到元丰堵口时已经达到 1 000 多步宽,施工难度非常之大。

当时黄河故道已严重淤高,为了减少堵口合龙的压力,首先在东西两面修筑"籤堤",这种"籤堤"应是插入河身的堤坝的统称,其作用为缓解水势,另外采取"辟为河"和"为鸡距"的措施,分引水流离开决口龙门,以减轻合龙的压力。根据学者研究为引河挖方量,常只在引河断面内开挖并列的三条小渠,形状类似鸡爪,待分引水流流过时,再依靠水流冲力来扩充泄水渠断面,达到规定的要求。这并列的人工开挖的小渠,即所谓的鸡距河。为了加强鸡距河的分水效果,常在上游对岸修建水工建筑物,将大河水溜挑向鸡距河,用以约束水流的锯牙就是这种建筑物。通过这些措施缓解水势,为合龙创造了很好的基础[2]。

但堵口的难度相当之大,其过程可谓是惊心动魄。随着龙门口不断变

---

① 〔宋〕吕祖谦:《皇朝文鉴》卷七十六。
② 周魁一:《水利的历史阅读》之《元丰黄河曹村堵口及其它》,中国水利水电出版社,2008 年版。

窄,水流更加湍急。口门外的跌塘深度由最初的一丈八尺猛增至十一丈,龙口无法闭合,而用于堵口及制作卷埽物料也将用尽。负责实施的官吏只好请求朝廷下令增援,皇帝不得已,只好下令调集附近郡县作为河防的储备物料作为应急,并调集附近几千名身体强壮的城卒作为增援。用于堵口的重要工具就是卷埽。据《河防通议》记载,埽体是将榆柳枝条、柴草、石土等材料分层铺匀,再用绳索捆扎而成、卷札而成的,埽体外形为圆柱体,其直径从 10 尺至 40 尺不一,长度在 100 尺以内,合龙时将埽体抛放至龙口处,并用绳索固定在岸上,由于埽体巨大,往往需要数百人至千人在统一号令下共同操作。据史料记载此次下埽使用的是河北转运使王居卿创造的堵口方法,关于王居卿建议的合龙方法,《宋史·王居卿传》记载:“立软横二埽,以遏怒流。”①而《续资治通鉴长编》记载:“熙宁十年八月甲辰,王居卿乞改制,连三灶,用薪刍至少而见功多。”②关于立软横二埽的具体方法,史料记载不详,但有一点肯定就是,有利于稳定水流,使龙门口易于合闭。从“重埽九繨而夹下之”的描述来看,堵口使用了多个重埽才最终使龙门口合闭。龙口刚开始合闭时,埽下水流仍不止,修筑的堤防就像在水波上漂浮一样,现场参与施工的很多人面面相觑,不知如何是好。到了五月初,由于泥沙淤积,新筑合龙之堤终于闭气,堵口工作终于大功告成。

这次堵口工作,耗费人力物力巨大。《皇朝文鉴》记载:“自役兴至于堤合为日一百有九,丁三万,官健作者无虑十万人,材以数计之为一千二百八十九万,费钱米合三十万,堤百一十有四里,诏名曰灵平,立庙曰灵津,归功于神也。”③出动十多万人,耗材一千二百八十九万,花费钱粮合三十万,修筑新堤一百一十四里,真可谓工程浩大。

当然宋代黄河堵口也有失败的例子《范太史集》记载:“昨吴安持奏第七铺危急,调过急夫七千人而役兵不在,其数用梢茭一百余万,闻其实数不止于此,下七繨埽皆被吹,垫势如漏,后经二十日用功终于弃舍,任其决溃,此乃救护积年,壮堤上一决口犹不能为力,而况两岸渐进,马头于急流巨浪中旋下梢

①　〔元〕脱脱:《宋史》卷三百三十一,《列传第九十》。
②　〔宋〕李焘:《续资治通鉴长编》卷二百八十四。
③　〔宋〕吕祖谦:《皇朝文鉴》卷七十六。

草客土,欲合龙门,此必不可为明矣。"①从史料可以看出吴安持用梢芟一百余万,下七綝埽,用了二十余天也没有能够堵住缺口。

关于下埽的技术,《梦溪笔谈》中也有相关记载:"庆历中河决北都,商胡久之未塞。三司度支副使郭申锡亲往董作。凡塞河决,垂合中间一埽谓之合龙门,功全在此。是时屡塞不合,时合龙门埽长六十步,有水工高超者献议以,谓埽身太长人力不能压埽,不至水底,故河流不断,而绳缆多绝。今当以六十步为三节,每节埽长二十步,中间以索连属之,先下第一节,待其至底穴,压第二、第三。旧工争之,以为不可,云二十步埽不能断漏,徒用三节所费当倍,而决不塞,超谓之曰:第一埽水信未断然,势必杀半,压第二埽止用半力,水纵未断不过小漏耳,第三节乃平地施工,足以尽人力处置,三节既定,即上两节自为浊所淤,不烦人功。申锡主前议不听超。是时贾魏公帅北门独以超之言为然,阴遣数千人于下流收漉流埽。既定而埽果流,而河决愈甚。申锡坐谪,卒用超计,商胡方定。"②从史料来看,水工高超建议的是三节下埽法,目的是要解决靠人工压埽不至水底,故河流不断的现象,第一节只要能压至水底,尽管水流未断,但一定能够减缓水势,压第二节就会容易一些,第三节就会更为轻松,能够为人力所控制。这种做法应该是他长期实践经验的总结,不失为下埽的创新之举。

四、兴 修 遥 堤

古代在河防工程中,因堤围的位置和作用不同,更将之细分为以下两种:把近临河滨的"各围之外基",称为"缕堤"。离河颇远的"各围之内基",称为"遥堤"。作为一种辅助堤防,宋初朝廷就将其作为限制洪水泛滥的措施之一。《宋史·河渠志》记载:"太祖乾德二年(964),遣使案行,将治古堤,议者以旧河不可卒复,力役且大遂止。但诏民治遥堤,以御冲注之患。"③太平兴国八年(983),有人建议对黄河下游的遥堤进行系统查勘。《续资治通鉴长编》记载:"太宗太平兴国八年八月宿州言:河水泛民田,郭守文塞决河堤久不成,

---

① 〔宋〕范祖禹:《范太史集》卷十七。
② 〔宋〕沈括:《梦溪笔谈》卷十一。
③ 〔元〕脱脱:《宋史》卷九十一,《志第四十四·河渠一》。

上谓宰相曰：今岁秋田方稔，适值河决塞治之役，未免重劳。言事者谓：河之两岸古有遥堤，以宽水势，其后民利沃壤，咸居其中。河之盛溢，即罹其患。当令按视，苟有经久之利，无惮复修。戊午遣殿中侍御史济阴柴成务、供奉官葛彦恭缘河北岸，国子监丞赵孚、殿直郭载缘河南岸，西自河阳东至于海同览堤之旧址，凡十州二十四县，并勒所属官司，件析堤内民籍税数，议蠲赋、徙民、兴复遥堤利害以闻。载浚仪人也。孚等使回条奏曰：臣等因访遥堤之状所存者百无一二，完补之功甚大。臣闻尧非洪水不能显至圣，禹非导川不能成大功古者派为九河始能无患，臣以谓治遥堤不如分水势，自孟至郓，虽有堤防，惟滑与澶最为隘狭，于此二州之地可立分水之制，宜于南北岸各开其一北入王莽河以通于海。南入灵河以通于淮，节减暴流，一如汴口之法，其分水河量其远近作为斗门启闭随时务乎，均济通舟运溉农田，如此则惟天惠民茂宣于德泽分地之利，普洽于膏腴，既防水旱之灾，可获富庶之资也。朝议以河决未平重惜民力，寝其奏焉。"①从史料看，针对有人提出修复两岸古遥堤的建议，朝廷派专人进行了认真调查。调查的结果是十州二十四县所剩无几。完全补起来，工程浩大，不如分水省事。史料中反映出来的问题，颇能说明河防过程中人与自然的矛盾。黄河两岸，遥堤到主河道之间本来有相当多的空地用来行洪，但是后来民众发现此区域内土地非常肥沃，于是纷纷进入此区域内居住开垦，破坏了原来的行洪功能。

当然在黄河下游，在应对洪水时，仍有个别地方使用遥堤以防洪水。《续资治通鉴长编》记载："京东路转运司言：郓州筑遥堤长二十里，下阔六十尺，高一丈。先是河决曹村水至郓州城下，明年山水暴至，漂坏城北庐舍。知州贾昌衡、李肃之相继议筑遥堤以捍水患，至是堤成，役夫六千，一月毕，赐诏奖之。"②

五、疏　浚　河　道

由于黄河多泥沙的特性，下游河道往往会淤塞，导致河水决口泛滥，而河

---

① 〔宋〕李焘：《续资治通鉴长编》卷二十四。
② 〔宋〕李焘：《续资治通鉴长编》卷三百三。

道疏浚是有效防洪措施之一。宋代朝廷曾派人多次疏浚黄河下游的河道。如仁宗时期为,治理水患,就曾在下游疏浚河道。史料记载:"仁宗庆历八年(1048),河自横陇西徙趋德博,决商胡埽,后十余年又自商胡西趋恩冀,河北多被水患。治平元年同判都水监张巩奏:商胡埋塞,冀州界河浅,房家、武邑二埽由此浸溃,恐一旦大决,为害甚于商胡。乞选官与本司相度条奏,于是命巩同三司副使张焘、内侍押班张茂则、乘驿与河北转运使燕度都水监李立之行视地势,浚三股、五股二河,纾恩冀水灾。"①从史料看,河决商胡之后,河北地区饱受水灾之苦,为减轻灾害,朝廷下令疏浚三股、五股二河,以利黄河水入海。

在疏浚过程中,为了提高效率,宋朝创造疏浚河道的工具浚川杷。《续资治通鉴长编》记载:"元丰元年三月戊寅诏:都水监调拨汴口水势接淮汴行运。其曹村大河决口水虽已还故道,然未通顺宜用浚川杷疏浚,三日一具疏浚,次第以闻。赐塞次河役兵特支钱有差,凡一万八千四百七人。"②

关于浚川的方法,史料有详细的记载:"王安石请令怀信、公义同议增损,乃别置浚川杷。其法,以巨木长八尺,齿长二尺,列于木下如杷状,以石压之;两旁系大绳,两端碇大船,相距八十步,各用滑车绞之,去来挠荡泥沙,已又移船而浚。或谓水深则杷不能及底,虽数往来无益,浅则齿碍泥沙,曳之不动,卒乃反齿向上而曳之。人皆知不可用,惟安石善其法,使怀信先试之以浚二股,又谋凿直河数里以观其效,且言于帝曰:开直河则水势分,其不可开者,以近河每开数尺即见水,不容施功耳。今第见水师即以杷浚之,水当随杷改趋。直河苟置数千杷,则诸河浅淀,皆非所患,岁可省开浚之费几百千万。帝曰:果尔,甚善。"从史料看,这种工具用于疏浚河道,确实能大大地提高效率。

六、迁 移 州 军

黄河洪水来临时,把不适宜居住的州县和驻军迁移到高处,使之免受水

---

① 〔宋〕王安石:《王荆公诗注》卷二十五,《律诗》。
② 〔宋〕李焘:《续资治通鉴长编》卷二百八十八。

患也是常用的措施。如《宋史》记载："真宗咸平三年(1000)五月,河决郓州王陵埽,浮巨野入淮泗,水势悍激,侵迫州城。命使率诸州丁男二万人塞之,踰月而毕。始赤河决,拥济泗郓,州城中常苦水患,至是霖雨弥月,积潦益甚,乃遣工部郎中陈若拙经度徙城,若拙请徙于东南十五里阳乡之高原,诏可。"①又如《续资治通鉴长编》记载："真宗大中祥符七年(1014)秋八月甲戌,河决澶州大吴埽,诏徙民即高阜,官给舟渡,遣使修塞,役徒数千,筑新堤亘二百四十步,水乃顺道。"②又"皇祐元年(1049)二月甲戌,河北转运司言黄、御二河决,并注乾宁军,请迁其军于瀛州之属县,诏:止徙屯兵马于瀛州。"③《续资治通鉴长编》记载："真宗大中祥符五年(1012)春正月,分遣使臣驰诣沿黄、汴、御河州军,申谕守臣谨护堤岸。棣州言河决聂家口,请徙州城。上曰:城去河决尚十数里,一方民庶占籍甚众,未可遽徙也。遣内殿崇班史崇贵、内供奉官王文庆与本路转运使规度完塞,仍具利害以闻,三司借内藏库钱五十万贯。"④从史料看,皇帝认为棣州城所受的洪水威胁不大,民众众多,不可以随便迁移。其出发点,当然是顾忌迁移的成本问题。

总之,宋代通过修固堤防、分水与临时滞洪、堵口应急、兴修遥堤、疏浚河道、迁移州军等措施,有效地应对了黄河洪水,为后来的黄河治理积累了一些可贵的经验。

---

① 〔元〕脱脱:《宋史》卷九十一,《志第四十四·河渠一》。
② 〔宋〕李焘:《续资治通鉴长编》卷八十三。
③ 〔宋〕李焘:《续资治通鉴长编》卷一百六十六。
④ 〔宋〕李焘:《续资治通鉴长编》卷七十七。

第六章 榆柳栽植与宋代的
水灾防治

榆柳作为适应性特别强的树木，在古代的堤防修固及防洪的堵口应急中发挥着重要的作用，本章通过相关史料的梳理，探讨宋代在推广榆柳种植方面所采取的一些措施，分析榆柳在防洪堵口及在巩固堤堰方面发挥的重要作用。

一、宋代之前的榆柳栽植与护堤防洪之肇端

堤防对洪水防御起着极为重要的作用，除了筑堤技术及材料之外，植被的种植对于堤防的防护起着重要的作用。榆柳作为适应性特别强的树木，具有土壤要求不严、根系发达，抗风力、保土力强，生长快等特点，在寒温带、温带及亚热带地区均能生长，是以在中国的东北、西北、华北、华东等地广泛分布。一方面可作为用材、燃料等用途，另一方面种植榆柳于保持水土有很好的功效。

早在《周礼》记载中就有"春取榆柳之火"[1]之说，应该说很早就有种植。魏晋时期陶渊明在《归园田居》一诗中云："榆柳荫后园，桃李罗堂前。"颇能反映出当时广种榆柳的状况。

历史记载最早的广泛种植榆柳作为维护河堤的树木是在隋代，《大业杂记》记载："大业元年（605），发河南道诸州郡兵夫五十余万，开通津渠，自河起

---

① 〔汉〕郑玄著，〔唐〕贾公彦注：《周礼注疏》卷三十。

荥泽入淮千余里。又发淮南诸州郡兵夫十余万,开邗沟自山阳淮至于杨子入江三百余里,水面阔四十步,通龙舟,两岸为大道,种榆柳。自东都至江都二千余里,树荫相交。每两驿置一宫为停顿之所,自京师至江都离宫四十余所。"①从史料不难看出,隋炀帝于大业元年开凿运河,沟通黄河与长江,两千多里的运河两岸,广种榆柳,作为维护河堤和防洪的树木。

到了唐代这种做法得到延续,杜牧在其《随堤柳》和《柳长句》的诗中对此有描述:"夹岸垂杨三百里,衹应图画最相宜。自嫌流落西归疾,不见东风二月时。"②而在另一首诗《柳长句》中对渭河重要支流灞水堤岸广种榆柳的情况作了描述:"日落水流西复东,春光不尽柳何穷。巫娥庙里低含雨,宋玉宅前斜带风。莫将榆荚共争翠深与桃花相映红。灞上汉南千万树,几人游宦别离中。"③可见在隋唐时期,当时人们在实践中已经认识到了榆柳栽培对于堤防的重要作用,一方面可作为保护水土的植物,另一方面当洪水来时榆柳可以作为防护堤岸的重要木材,可以就地取材,非常便捷。

二、北宋朝廷推广榆柳栽种之举措

1. 北宋初期朝廷的积极推广

正是认识到了榆柳的重要作用,宋代把榆柳的栽种作为重要的水灾防治手段。宋太祖称帝不久,对河防给予了极大的关注,而榆柳的栽种被作为一种重要的手段,先后两次下诏鼓励民众多植榆柳。《续资治通鉴长编》记载:"丙子又诏:黄、汴河两岸,每岁委所在长吏课民多栽榆柳,以防河决。"④"太祖开宝五年春正月己亥诏:自今沿黄、汴、清、御等河州县除准旧制蓺桑枣外,委长吏课民别种榆柳及土地所宜之木,仍按户籍上下定为五等第一等,岁种五十本,第二等以下递减十本,民欲广种蓺者听踰本数,有孤寡穷独者免之。"⑤从史料来看,太祖的诏令中明确提出了黄河、汴河两岸的多植榆柳的目

①　〔宋〕晁载之:《续谈助》卷四。
②　〔唐〕杜牧:《樊川诗集注》诗集卷三。
③　〔唐〕杜牧:《樊川诗集注》诗集卷三。
④　〔宋〕李焘:《续资治通鉴长编》卷三。
⑤　〔宋〕李焘:《续资治通鉴长编》卷三。

的是"以防河决。"除此之外,沿黄河、汴河、清河、御河的相关州县,也分别派官吏指导民众种植桑枣、榆柳等适宜土地的树木,作为护堤防洪之用。

太宗至道二年(996),太常博士直史馆陈靖上书皇帝要积极劝课农桑,改立田制。在其所立田制中对于榆柳等树木的种植有明确的建议。《续资治通鉴长编》记载:"愿籍受田者并听其便,因制为三品:以膏沃而无水旱之患者为上品;沃壤而有水旱之虞、埠瘠而无水旱之虑者为中品;既硗瘠复患于水旱者为下品。上田人授百亩,中田百五十亩,下田二百亩,并五年后收其租。亦只计百亩十收其三,一家有三丁者请加授田。如丁数以给五丁从三丁之制,七丁者给五丁,十丁者给七丁,至二十丁、三十丁者为限。若宽乡田多,即委农官裁度以赋之,其室庐蔬韭及桑枣榆柳种艺之地,每户及十丁者给百五十亩,七丁者百亩,五丁七十亩,三丁五十亩,除桑功五年后计其租,余悉蠲其课。令常参官于幕职州县中各举所知一人堪任司农丞者分授诸州,通判即领农田之务又,虑司农官属分下诸州民顽已久,未能信服,更或张皇纷扰,其事难成,望许臣领五官吏于近甸宽乡设法招携,俟规划既定,四方游民必尽麇至,乃可推而行之。吕端曰:靖所立田制多改旧法,又大费赀用,望以其状付有司详议。乃诏盐铁使陈恕等于逐部择判官一人通知农田利害者与靖同议其事,恕与户部使张鉴、度支副使栾崇吉、户部副使王仲华、盐铁判官谭尧叟、度支判官李归一共议。请如靖之奏,乃诏:以靖为劝农使,按行陈许蔡颍襄邓唐汝等州劝民垦田。"①从史料中可以看出,陈靖认为如果土地较为富足,应该分给一些民众土地种植蔬菜及桑枣榆柳等树木,按照十丁分一百五十亩、七丁一百亩、五丁七十亩、三丁五十亩的数量授田。尽管有大臣对陈靖的建议提出异议,朝廷还是派人进行了调研并付诸实施。

此后针对有人私自盗伐堤上榆柳的现象,朝廷又下诏"申严盗伐河上榆柳之令",从法律对护堤防洪的榆柳予以保护。为何维护汴河的堤防和防洪之需,对于种植榆柳达到一定规模的种植大户,朝廷还给予一定的奖励措施。《续资治通鉴长编》记载:"汴口尝建言:岁开汴口当审择其地,则水湍驶而无留沙,岁可省疏浚工百余万。诏用其策,虽役不岁兴,然其后浸有淤塞之患。

---

① 〔宋〕李焘:《续资治通鉴长编》卷四十。

又请沿河县令佐使臣能植榆柳至万株者书历为课。"①

2. 熙丰改革时的大力推进

神宗与王安石倡导改革伊始,对农田水利事业就极为重视。而与河防相关的榆柳种植自然也给予了鼓励和支持。"熙宁三年(1070)九月同判都水监张巩言,乞于黄河芟滩收地栽种修河榆柳,上批:速如所奏。"②从皇帝"速如所奏"的批示看,他对判都水监张巩的建议极为赞同。

汴河及京都附近也是如此。《续资治通鉴长编》记载:"熙宁八年(1075)九月,西京左藏库副使王鉴言:开封府界近京牧地及淤田甚多,广种榆柳,较之租佃有倍息,从之。仍令鉴同左藏库副使霍舜举提举。"③从史料看,由于淤田增多,西京左藏库副使王鉴向朝廷建议广种榆柳。

这种建议得到了朝廷的认可。

到元丰元年,这一措施收到了很好的效果,《续资治通鉴长编》记载:"神宗元丰元年(1078)冬十月,戊辰诏罢左藏库副使霍舜举西京左藏库副使王鉴提举剥机黄汴等河榆柳,止令逐地分使臣兼管及委都大官提举。先是程昉立法差官主剥机,自熙宁四年(1071)为始及是八年,都水监言事已就绪,故有是诏。"④从史料看,为了更好地推广榆柳种植,储存与河防防洪相关的榆柳木材,朝廷在程昉的建议下专门差遣官员负责此项工作。从熙宁四年一直到元丰元年,坚持八年左右。考虑河防用材较为充足之后,才下令属地管辖。

三、北宋榆柳栽植效果及防洪堵口之应用

1. 固定堤防

通过朝廷的大力倡导,榆柳种植取得了很好的成效。特别是与京城密切相关的汴河沿岸,榆柳种植非常之广,也收到了很好的成效。如河北地区兼具河防与边防两用的榆柳种植,蔚为可观。《北山小集》记载:"又诏修保塞等

① 〔宋〕李焘:《续资治通鉴长编》卷九十二。
② 〔宋〕李焘:《续资治通鉴长编》卷二百一十九。
③ 〔宋〕李焘:《续资治通鉴长编》卷二百一十五。
④ 〔宋〕李焘:《续资治通鉴长编》卷二百九十三。

五州堤道为汇水之备。唯跳山以西壅水不能及，则为田设窜，种所宜木。至大中祥符间（1008—1016），榆柳至三百万本，此中国战守之助，万世之利也。"①从史料看出，到真宗大中祥符年间，河北沿边地区种植数量达到三百万本。一些官员到堤地方任职时，也非常重视榆柳的种植工作，如范纯仁出知颍昌府时，就非常注意此项工作。《范忠宣公文集》记载："乃如公请，出公观文殿学士、知颍昌府。公到颍水窨之后，官私屋舍例皆漂荡，井邑萧然，公极力振补，上下康乂。遂环城筑长堤，植榆柳以防其害，后数年水复至堤，遂有功。"②从史料看，范纯仁倡导种植的榆柳在后来的洪灾应对中发挥了重要作用。

汴河作为首都东京重要的水运通道，其堤防的维护自然也受到格外的重视。尽管具体数量不详，但从当时文士的描述中仍能看出概况。

如苏门六学士之一的李廌在其《送苏伯达之官西安七首》之一诗中描述当时的情状；"千里隋堤榆柳风，轻花薄笑正冥蒙。离情解逐仙舟去，欲过三江震泽东。"③靖康之难，宋室南迁，一些大臣在诗中表达故国之思中，也会常常提到汴河的榆柳。吕本中《初离建康别范十四弟诸人》一诗中写道："尝忆它年出旧京，汴堤榆柳与船平。宁知此日钟山路，亦是东行第一程。"④

当然地方也有官吏在堰塘的防护中，大量种植榆柳。如仁宗时期昆山地区太守吕公，在修筑至和塘时曾"莳榆柳五万七千八百。"⑤这些资料都表明在朝廷的大力倡导之下，榆柳的种植数量相当可观。梅君平任职地方时，也大力推广榆柳种植，史料记载："皇祐（1049—1054）中，任宿州蕲泽兵马监押获盗及逋卒百人境内肃然。种榆柳三十万，河堤为之完固。荐者称君之劳首冠诸邑，被旨升优最。"⑥

2. 防洪用料

除了固堤之外，榆柳从树干到树枝都可作为防洪时的重要材质。《河防

①　〔宋〕程俱：《北山小集》卷三十四。
②　〔宋〕范纯仁：《范忠宣公文集》卷二十。
③　〔宋〕李廌：《济南集》卷四。
④　〔宋〕吕本中：《东莱诗集》卷十六。
⑤　〔宋〕范成大：《（绍定）吴郡志》卷十九。
⑥　〔宋〕杨杰：《无为集》卷十三。

通议》记载:"榆以八束为功,柳以十二束为功,上树斫柳枝以一百根为功,长六七尺截在内栽柳枝用引橛以二百根为功,斫尖在内栽柳椑子以二百个为功,计合栽月分十二月至正月终,杂栽榆柳三百根为功,掘坑斫橛子下栽打筑憺水在内浇灌榆柳担水依担土例。锄划榆柳每五亩为一功,若难锄者临时增减挑堑遮榆柳一百二十尺为功,只是摆土岸上兼于堑外遶遭拍土成岸垠其堑自方一丈五尺深三尺,河势紧急,望清采斫榆柳。"又载:"卷埽物色有梢草、有竹索、有桩、有橛。山梢出河阴诸山,埽军采斫舟运而下分置诸埽场,以其坚可久,故用之。杂梢即沿河采斫榆柳,杂梢或诱民输纳者,心索大小皆百尺,此索在埽心横卷两系之底,楼索在上曰:搭楼索、束腰索,单使令多箍头索两端用之,箍音孤芰索卷埽密排用之,亦名绰篓,斯绚索长二十尺,小竹索也以吊坠石网子索以竹索交结如网置,两埽之交以实盘篝签桩长。"①结合这两条史料来看,榆柳之所以被朝廷作为重要的防洪用材,是其被用作堵口重要工具卷埽制作的重要材料,如其中提到的杂梢。关于杂梢的等级《河防通议》也有明确的记载:"榆柳梢束径寸上等径一尺五寸,中等径一尺至一尺四,下等径五寸至九寸。"②一方面是沿河采纳或者劝民输纳,就地取材,对于河防应急来说非常便利,从榆枝以八束为功、柳枝以十二束为功,上树斫柳枝以一百根为功的记载来看,这些榆柳枝应该是被扎成束作为卷埽的物料之一,而且榆柳还可以作为制橛之用。

正因为如此,在宋代防洪工程堵口中往往被大量使用。《续资治通鉴长编》记载:"天圣元年(1023)月乙未,募京东、河北、陕西、淮南民输薪刍塞滑州决河,又发卒伐濒河榆柳,有司请调丁夫。上虑其扰民故以役兵代焉。""癸未,以天雄军部署莱州团练使邵复为都大修河部署,供备库副使王遇为澶州部署,右侍禁合门祗候王昭序为沧州部署并兼修河事,三门白波发运使文洎言:诸埽须薪刍竹索,岁给有常数,费以巨万计,积久多致腐烂,乞委官检核实数,仍视诸埽紧慢移拨,并斫近岸榆柳添给,免采买搬载之劳,因陈五利。诏三司详所奏,遂施行之。"③从史料看,天圣元年堵塞黄河滑州决口时,一方面

① 〔元〕沙克什:《河防通议》卷下。
② 〔元〕沙克什:《河防通议》卷下。
③ 〔宋〕李焘:《续资治通鉴长编》卷一百一。

朝廷招募京东、河北、陕西、淮南填河所用物料,另一方面又征调军士就地取材伐濒河榆柳作为防洪物料。黄河易决口泛滥之处,朝廷每年都要拨专款预备防洪物料,所需费用巨大,可是这些堤防也并非年年都决溢,每年固定拨付的物料,积久了就会导致腐烂,浪费大量的财力物力。针对此种现象,三门白波发运使文洎上书皇帝建议调查实际需求,按防洪的实际需求拨付。他还特别提到可以就地取材,斫伐近岸榆柳补充防洪用材之需。此建议通过相关部门讨论之后,正式实施。

除了作为防洪之用,榆柳也可以民众日常的薪柴和建筑用材。这就会产生防洪与日用时官方与地方用材的矛盾。《续资治通鉴长编》记载:"神宗熙宁四年五月,御史刘挚言:臣伏见内臣程昉、大理寺丞李宜之于河北开修漳河,功力浩大,凡九万夫。所用物料本不预备,需索仓猝出于非时,官私应急劳费百倍。除转运司供应秆草、梢桩之外,又自差官采漳堤榆柳及监牧司地内柳株共十万余,皆是逐州自管津岸。河北难得薪柴,村农惟以麦秸等烧用,及经冬泥补,而昉等妄奏民间不用,已科一万余功差本司兵士散就州县民田内自行收割,所役人夫莫非虐用,往往逼使夜役,蹂践田苗,发掘坟墓残坏桑柘不知其数。愁怨之声流播道路,传至京师,而昉等妄奏民间乐于功役,无不悦喜。民夫既散,役兵尚众,本路厢军刬刷都尽,诸处无不阙事,而昉等奏陈不已形迹州县凌侮官吏,仍乞于洺州调起急夫,又欲令役兵不分番次,其急切扰攘至于如此,本路监司畏昉之势不敢言其非。"①从史料看,刘挚向朝廷控诉程昉开修河北漳河时,派人砍伐了地方上监管的十余万株榆柳,这是明显地与地方争夺资源。

当然在保证河防用材上,尽管有人控诉到朝廷,程昉也绝不迁就。《续资治通鉴长编》记载:"神宗熙宁五年冬,诏:黄河向着堤岸榆柳,自今不许采伐,后又诏:虽退背堤岸亦禁采伐。初大名府修城伐河堤林木为用,都水监丞程昉以为言,故禁之。"②这是程昉针对河北大名府修筑城墙时,采伐黄河堤岸的榆柳,上书皇帝下令不准采伐黄河堤岸的榆柳,即便是废弃堤岸上的榆柳也

---

① 〔宋〕李焘:《续资治通鉴长编》卷二百二十三。
② 〔宋〕李焘:《续资治通鉴长编》卷二百五十九。

不能采伐。

程昉的这种做法看似有仗势欺人之嫌，但从防洪的角度看，确实出于防洪实际需求的考量。而废弃堤岸上的榆柳确实在防洪的关键时期能发挥应有的作用。《宋史·河渠志》记载："徽宗崇宁元年（1102）冬，诏侯临同北外都水丞司开临清县坝子口，增修御河西堤，高三尺并计度西堤开置斗门，决北京、恩、冀、沧州、永静军积水入御河枯源。明年秋黄河涨入御河，行流浸大名府馆陶县，败庐舍，复用夫七千役二十一万余工，修西堤三月始毕。涨水复坏之。政和五年（1115）闰正月，诏于恩州北增修御河东堤为治水堤防，令京西路差借来年分沟河夫千人赴役，于是都水使者孟揆移拨十八埽官兵分地步修筑，又取枣强上埽水口以下，旧堤所管榆柳为桩木。"[1]从史料中不难看出，政和五年，朝廷下诏在河北增修御河东堤为治水堤防时，枣强上埽水口以下，旧堤所管榆柳就派上了大用场。

四、南宋时期江南河堰堤防榆柳之栽植

靖康之难之后，皇室南迁，定都临安。对于朝廷而言黄河防洪的任务不复存在。尽管与种植林木相关的法规制度中，仍有关于推广榆柳种植的相关规定，但与北宋相比，种植数量则大为减少。如《庆元条法事类》记载："种植林木敕令格申明敕杂令诸军营坊监马递铺内外有空地者，课种榆柳之。马递铺委巡辖使臣及本辖节级余本辖校检校无校委节级终具数申所属。按亲本处应修造者申请采斫枝稍卖充修造，杂用以时。足仍委通判检催促。非通判所至处，即委季。或因便官，准此。敕检内马递铺检讫，仍具数申提举官。"[2]从史料看主要是在诸军营坊监马递铺内外有空地的地方种植。

北宋时期，针对积极种植榆柳的地方官吏，朝廷有相应的奖励措施。到南宋时期，应对河患的种植需求已经不复存在，朝廷也取消了相应的奖励措施。据《庆元条法事类》记载："职制绍兴五年（1135）十月六日敕：勘会种植榆

---

① 〔宋〕脱脱：《宋史》卷九十五，《志第四十八·河渠五》。
② 〔宋〕谢深甫：《庆元条法事类》卷五十，《道释门一》。

柳。林木之本为修筑埽岸堤备黄河及官司营缮以充财植，挠攘以来，黄河无修筑，官司罢营缮，县丞种植榆柳木推赏权罢，候边事宁息日，依旧本所看详。种植林木依条自合推赏，缘有上件指挥权行住罢，虽后来有州县保明到种植林木曾经推赏，系是朝廷一时特恩。今后若诸处遇有种植林木，自合遵依绍兴五年十月六日指挥施行。"①从史料看，原有种植推赏的惯例，变成了朝廷特恩。此后随种植榆柳等林木有功，并非就一定能得到朝廷的奖赏。

尽管如此，南宋时期，江南地区的榆柳种植仍得到延续，《建炎以来朝野杂记》记载："圩田者，江浙、淮南有之。盖以水高于田，故为之圩岸。宣州化民惠成二圩，相连长八十里。芜湖县万春、陶新、和政三官圩，共长一百四十五里。当涂县广济圩长九十三里，私圩长五十里。建炎末为军马所坏。绍兴初，命守臣葺治之。建康永丰圩有田千顷。初以赐韩忠武，后归秦丞相，今隶行宫。淮西和州无为军亦有圩田。绍兴三十年，张少卿初为漕，徙民于近江，增葺圩岸，官给牛种，始使之就耕。凡圩岸皆如长堤，植榆柳成行，望之如画云。"②从史料来看，南宋时期江浙淮南等地，有大量的圩田。因水高于田，田边修筑圩岸，类似长堤。岸上也广泛栽种榆柳以为固岸之用。

而北方的金朝为应对河患，仍有推广种植榆柳之举。《金史·列传四十二·高霖传》记载："高霖，字子约东平人。大定二十五年（1185）进士，调符离主簿察廉，迁泗水令，再调安国军节度判官。以父忧还乡里，教授生徒恒数百人。服除，为绛阳军节度判官，用荐举召为国史院编修官。建言：黄河所以为民害者，皆以河流有曲折，适逢隘狭故致湍决。按《水经》当疏其塞行所无事。今若开鸡爪河，以杀其势，可免数埽之劳。凡卷埽工物皆取于民，大为时病，乞并河堤广树榆柳，数年之后，堤岸既固埽材亦便，民力渐省，朝廷从之。"③从史料看高霖提出的治河建议中，针对以前卷"埽工物皆取于民，大为时病"的情况，主张先在河堤种植榆柳，等数年之后，既能巩固堤防，又可以就地取材，作为制作卷埽之材料，节省民力。这一建议得到了朝廷的采纳。

---

① 〔宋〕谢深甫：《庆元条法事类》卷五十，《道释门一》。
② 〔宋〕李心传：《建炎以来朝野杂记》甲集卷十六。
③ 〔元〕脱脱：《金史》卷一百四。

第七章　熙丰变法时期刘彝与城市洪涝灾害应对

刘彝是北宋时期著名的水利专家之一，曾官至都水丞，前人研究多集中他在赣州（当时称虔州）主持修缮闻名于世的水利设施——福寿沟城市排水系统。而关于他成长发展的历程、熙丰变法之时的水利事迹以及他因何能在水利工程方面取得突出的成就，则缺乏相应的研究。有鉴于此，本章在前人研究的基础上，通过查考和分析相关史料，对这些问题加以探讨。

一、水利知识的获得和能力培养之历程

1. 家庭环境及影响

刘彝，字执中，福建长乐潭头人，生于宋真宗天禧元年（1017），根据地方志记载其父名刘若思，其母是闽中潘姓望族潘衢之女。潘衢曾官至殿中丞，先后任祠部员外郎、职方元外郎、屯田郎中等官，在数郡任职，颇有声望。宋朝在工部下设屯田司，置屯田郎中、员外郎，掌屯田、营田、职田、学田、官庄之政令及其租入、种刈、兴修、给纳诸事。屯田员外郎，秩从六品上。由于父亲去世较早，刘彝的童年生活比较困苦，但读书颇为用功，并养成了为人正直、坚忍不拔、特立独行的性格特征。从史家对其舅父潘衢"乃上表乞泉州，得旨知建州，廪禄足以振亲旧"述评可以推测，刘彝的求学之路应该得到了其舅父的支持和资助。而从刘彝本人对舅父一家"外家政事，虽古之良吏不能远过也"的称誉，也能推测舅父的言传身教对刘彝的成长发展也起到了很好的作用。

2. 胡瑗教育之影响

师从胡瑗,可以说是刘彝获得水利知识和能力得到提升的重要一环。作为宋朝教育界的一代宗师,胡瑗的教学思想和教育方法可以说开时代先河,颇具创新精神。针对当时取士不以"体用为本",只讲究诗词歌赋、学校教育思想,他主张以培养"通经致用"的人才作为教育的根本目的。为了贯彻"明达体用"的教育思想,他首创了分斋教学制度,分经义和致事两斋。经义主要学习六经;治事又分为治民、讲武、堰水(水利)和历算等科。这种根据学生的兴趣爱好和志向,因材施教的做法,在实践中收到了很好的成效。

刘彝从何时师从胡瑗学习,史料没有确切的记载。从程颢的记载推测,应是在庆历二年(1042),胡瑗在湖州任州学主讲之时。《二程遗书》记载:"胡安定在湖州置治道斋,学者有欲明治道者,讲之于中,如治兵、治民、水利、算数之类。尝言刘彝善治水利,后果为政,皆兴水利有功。"①从文献中不难看出,胡瑗不仅发现了刘彝的志向和专长,刘彝的水利知识也经胡瑗谆谆善诱的点播得到显著增长。教学相长,刘彝作为学生在辅助胡瑗制订相关教学规章制度时也发挥了重要的作用。苏湖从事教育期间,胡瑗经过探索实践,制订了一套较为完善的教学管理制度,如日常作息制度、礼仪制度等,而刘彝在其间发挥了重要作用。《宋史》记载:"瑗称其善治水,凡所立纲纪规式,彝力居多。"②这是教学相长的真实写照。

3. 游历及行政实践

庆历六年(1046)刘彝考中进士,进士只是身份称谓,并不是实际意义上官职,除了甲名比较靠前的少数人直接授官外,一般都要经过一段时间的实践或者培训学习才能注官。刘彝在任邵武尉之前,有很长一段时间考察游历的经历,他是胡瑗教育社会实践教育理念的忠实执行者。胡瑗在教学中除重视知识教育外,还积极鼓励组织学生积极参加社会实践,到野外、到各地游历名山大川,并把此项活动列入教程之中,做到教育理论与教育实践的统一。他认为:"学者只守一乡,则滞于一曲,隘吝卑陋。必游四方,尽见人情物态,

---

① 〔宋〕朱子编:《二程遗书》卷二上。
② 〔元〕脱脱:《宋史》卷三百三十四。

南北风俗,山川气象,以广其闻见,则有益于学者矣。"①

　　"读万卷书,行万里路"是可以说是刘彝提人生社会实践的真实写照。如皇祐二年秋到皇祐三年,他从自己的家乡福建长乐出发到浙江绍兴(越州剡县),进行了一次长途游历考察。《皇朝文鉴》记载:"皇祐二年(1050)秋,予自闽由太末登天台,川陆行至於郡,凡数千里。"②这次考察,刘彝有很明确的目的,就是考察闽浙地区农田水利的实际状况。通过认真细致地考察,他认为闽浙地区的农田水利,有很多应做而没有做的事情,山泽之地的植树,农田的整合利用,水利的兴修等。他说:"观山泽之可树殖者,或荒潴焉,田亩之可畎浍者,或漫灭焉,自剡而西,遇雨数日,农田甚丰,垂获而遭霖潦之害,春夏斯民饥莩瘝瘠未起者,重因是水,予心哀焉。"③皇祐三年(1051)春夏,闽浙地区发生了由旱灾导致的严重饥荒,刘彝亲眼目睹了饿莩遍野的惨状,而水利设施的缺乏是重要的原因。通过实地考察,刘彝看到农田水利事业上政府有很多该做而没有做的事,而自己满腹才学却"英雄无用武之地",感到心情非常悲伤。当游历到绍兴,夜过鉴湖,有人指着南山说大禹庙哪里时,不禁触发了自己心绪,决定留下来,要把这位治水先驱的丰功伟绩标榜出来。于是第二天就到大禹庙在墙壁上,题歌记圣。其歌曰:"地生财兮,天生时,圣贤之赞育兮,咸适其宜;畎浍距川兮,川距海;水旱罔至兮,民无冻饥,亩田是起兮,帝载以熙,万世永赖兮,胡不践履而行之,呜呼,禹乎,谁知予心之增悲。"不仅对大禹治水的丰功伟绩进行了歌颂,同时也抒发了自己壮志难酬的悲伤情怀。

　　皇祐三年春,越州剡县发生了严重的饥荒,刘彝在此了目睹了灾荒的情形,《会稽掇英总集》记载:"越州剡县超化院,皇祐辛卯春(1051)予寄居是邑,民方阻饥,流莩千里,集于城下,县令秘丞过公彦勇,劝诱豪族得米二万斛以救民。明年又饥,遂出常平钱万缗请籴于明,归以剡价,取其赢米几万斛继续民,尚惮其不给也,乃刻俸麦七十斛为种,而假超化院左僧民之田十余顷,役饥民耕种之。明年,得大麦五百余斛,嗣给流民,各俾归业。"④当时任县丞的

---

① 〔宋〕王铚:《默记》卷下。
② 〔宋〕吕祖谦:《皇朝文鉴》卷三十。
③ 〔宋〕吕祖谦:《皇朝文鉴》卷三十。
④ 〔宋〕孔延之:《会稽群英总集》卷二十。

过昱通过劝导豪强赈济灾民、平粜米价惠民、刻俸麦役饥民耕种等措施有效地安置了流民。刘彝对当时县丞过昱的救荒措施印象非常深刻,可以说进一步激发了他的报国惠民之志。

之后,刘彝先后任邵武尉、高邮薄、朐山令等职,终于有了施展才华的机会。《宋史》记载:"为邵武尉,调高邮簿,移朐山令,治簿书,恤孤寡,作陂池,教种藝,平赋役,抑奸猾,凡所以惠民者无不至,邑人纪其事目曰:治范。"①从文献记载看,他登记造册、抚恤孤寡、兴修水利、发展农业、减轻赋税、维护治安等方面的举措都深得民心,当地人民都把他的事迹看做官吏行政的典范。

二、熙丰改革时在京城的农田水利事业治绩

1. 巡视农田水利事业

熙宁初年,神宗重用王安石推行变法。兴修农田水利改革变法的重要内容之一,为了摸清地方农田水利的基本状况,神宗皇帝着手派人调查。《宋史新编》记载:"神宗即位,志在富国,熙宁元年,诏诸路访陂塘湮没及濒江圩埠浸坏沃壤者,劝民兴之,具所增田亩税赋以闻。"②当时刘彝在温州作屯田郎,大概在当地农田水利工作做得较好,所以得到神宗皇帝和王安石的重用,王安石亲自为刘彝写了举任状推荐刘彝到朝廷任职。《临川集》记载:"举屯田员外郎刘彝状:屯田员外郎、温州通判刘彝,聪明敏达,有济务之材,堪充升擢,繁难任使。"③

熙宁二年(1069),春夏之间,京师地区发生了严重的旱灾,王安石借机想推动农田水利改革事业,于是就先选派官员到地方调查研究。根据史料推断,正是在熙宁二年,刘彝被任命为荆湖北路转运判官,遵从朝廷之命到地方巡查农田水利事业。《宋史新编》记载:"二年,遣刘彝等八人行天下相视农田水利,又诏诸路置相度农田水利官,以条约颁焉。"④接到朝廷的任命后,刘彝

---

① 〔元〕脱脱:《宋史》卷三百三十四。
② 〔明〕柯维骐:《宋史新编》卷二十五,《志十一》。
③ 〔宋〕王安石:《临川集》卷四十。
④ 〔明〕柯维骐:《宋史新编》卷二十五,《志十一》。

立刻从浙江永嘉动身,前往荆湖北路赴任。途经越州剡溪时,刘彝正好碰到当地民众纪念皇祐年间任职采取积极措施救荒的县丞过昱,皇祐三年刘彝曾寄居剡县超化院,有感其事,就在超化院题诗纪念。《会稽掇英总集》记载:"熙宁己酉春,余倅永嘉,就移湖北道,出剡溪,民有怀过公者,尚皆感泣。而院僧闻其云亡,尤增痛悼,因书屋壁继以诗:良畴十顷接晴烟,曾假过侯救旱年。俸麦一车开德济,流民千里荷生全。人嗟逝水今亡已,俗感遗风尚泣然。独对老僧谈旧事,斜阳春色漫盈川。"①以此缅怀这位一心为民、令他印象深刻的好官。

由于刘彝在地方任职时,已有丰富的实践经验,巡视工作取得了很好的成效,巡视结束之后,朝廷任命他为三司条例属官,不久又被任命为都水丞,在都水监任职。负责内外河渠、渡口、桥梁、堤堰、川泽浚治疏导等相关水利工作。

2. 巧退汴河洪水

都水丞任上,刘彝做的第一件重要事情就是巧退汴河洪水。熙宁二年八月,北方由于多雨导致黄河水位上涨,与黄河相连的汴河水位也开始猛涨,威胁到都城东京及两岸人民的安危,有人建议把汴河下游封丘附近的汴堤长城口掘开以降低汴河的水位。《宋史·刘彝传》记载:"神宗择水官,以彝悉东南水利,除都水丞,久雨汴涨,议开长城口,彝请但启杨桥斗门,水即退。"②而刘彝经过调研之后,认为只要把汴河上游的杨桥斗门开启,汴河的水位就会立刻下降。

联通黄河的汴口因多次淤积,北宋时期为保障汴河通航之需,引水口不得不常换位置,杨桥水门应该是汴河连通黄河的水门之一。《元丰九域志》记载:"上原武州北六十里,四乡、杨桥、陈桥二镇,有黄河汴河,中荥阳州西北四十五里二乡,有广武山敖山、黄河、汴河、荥泽金堤。"③这种措施巧妙地利用了斗门和水渠调节水量的作用,把黄河涌入汴河的水绕了圈洄注到黄河,减轻了汴河水位压力,进而避免了给下游地区带来的灾患。

①　〔宋〕孔延之:《会稽群英总集》卷二十。
②　〔元〕脱脱:《宋史》卷三百三十四。
③　〔宋〕王存:《元丰九域志》卷一。

3. 评定东流治黄方略

刘彝在都水丞任上做的第二件重要事情就是促成了让黄河闭北流全走东流的治理方案。景祐元年,河决澶州东横陇埽,自北岸流向山东境内,庆历八年河决澶州商胡埽,自大明、衡水等到天津入海,称作北流。1056 年堵商胡埽,开引河回横陇故道,结果当夜又决口,1060 年在大名向东分了一支叫二股河,经冠县、平原、乐陵等地,自无棣东入海,称为东流。之后又有闭北流全走东流的争议。熙宁二年王安石推行农田水利改革之际,有人上书建议闭北流全走东流。《续资治通鉴长编》记载:"熙宁二年,议者请于恩州武城县入大河故道下五股河,诏都水监丞刘彝同程昉相视,而通判冀州王庠谓开葫芦河为便。彝等以其地浅漫沮洳用功多焉,不若开乌襕堤历大小流港横绝大河入五股河,以复故道。乃令提举便籴皮公弼、提举常平王广廉再视,而议与彝昉合,于是发邢、洛、磁、相、赵、真定六州兵夫凡六万浚之,三年四月河成,赐役兵缗钱有差,八月迁程昉为宫苑副使,余第赏之。"①

从史料看,为了决定闭北流走东流的治河方略是否可行,朝廷派刘彝与程昉实地查看,当时冀州通判王庠提出了开葫芦河的治理方案,刘彝提出了开乌襕堤历大小流港横绝大河入五股河以复故道的方略。朝廷又令提举便籴皮公弼、提举常平王广廉再度考察,提出的方案与刘彝基本一致,闰十一月,朝廷发动六万兵夫开始浚治工程,熙宁三年四月基本竣工,程昉等被迁升为宫苑副使。

这次闭北流全走东流治河工程,发生在熙丰变法的特殊时期,由于皇帝和王安石的大力支持,浚治工作在较短的时间内得以顺利完工。尽管之后黄河东流入海之通道二股河曾有决溢,但在以后七八年时间里没有大的水患,治理工作还是取得了一定的效果。

4. 批评放淤被罢都水丞

熙宁二年十一月,朝廷正式颁布了《农田水利约束》进行农田水利改革,也就是在刚刚开始之际,刘彝因对新法实施过程中的一些问题提出了自己的意见,被免都水丞。《宋史·刘彝传》记载:"以言新法非便,罢。"②但究竟因何

---

① 〔宋〕李焘:《续资治通鉴长编》卷二百一十二。
② 〔元〕脱脱:《宋史》卷三百三十四。

事被免,并没有详细的记载。而结合史料来看,刘彝被免都水丞,应该与汴河淤田之事有关。

《宋史》记载:"秘书丞侯叔献议于汴河两岸置斗门泄其余水分为支渠,及引京索河并三十六陂以灌溉田,诏叔献与著作佐郎杨汲同提举,叔献又引汴水淤田,都水监或以为非。三年八月,乃以叔献汲并权都水监丞,提举沿汴淤田。"①

汴河等河流因泥沙淤积成为地上河,河道水位高于附近地下水位,逐渐抬高了附近的地下水位,由于蒸发强烈,盐分易积累于地表,形成盐碱土。汴河淤田就是利用汴河水中丰富的养分溉田放淤,把沿岸贫瘠田地改造成良田。放淤时经过含沙量大的大量水流浸泡,可溶性盐类随清水退走,减低了土壤的地下水矿化程度,淤泥的沉积,抬高了地面高程,削弱了土壤返盐的可能性,再加上水流中含有丰富的有机质和养分,提高了土壤的肥力。

淤田本身是利国利民的好事,一心发展水利事业的刘彝应该支持为何要反对呢?原来是实际操作过程中出现了危害百姓的现象。《宋九朝编年备要》记载:"叔献寻与杨汲提举淤田,引水于畿县澶州间,岁坏民田庐而朝廷不知。"从史料看,侯叔献、杨汲为了使淤田工作取得明显成效,进而获得朝廷的认可,采取了较为强硬的措施推进实施,毁坏了部分民众的田地和房屋,"都水监或以为非"应该就是刘彝对此做法提出了异议这件事,结果导致他罢免都水丞。虽然刘彝的本意不是指责王安石倡导的农田水利改革,而是在讲新法推行过程中操之过急出现了一些问题,但这一批评仍然让王安石等觉得不太支持改革。所以《宋史·刘彝传》记载:"以言新法非便,罢。"刘彝被罢免都水监丞,被调派到虔州任职。

三、熙丰改革时在赣州兴修水利的缘由、成就及影响

1. 创制防洪水窗

刘彝到虔州之后,并没有因自己被罢免都水丞而在兴修水利方面心灰意冷,而是积极影响朝廷的农田水利改革号召,利用自己的才学在虔州(赣州)

---

① 〔元〕脱脱:《宋史》卷九十五。

的水利兴修事业上取得了突出的成就。闻名于世的赣州排水系统可以说就是在他任上完善兴修的。

历史上赣州因三面环水,饱受水潦之害。《江西通志》记载:"郡城岁为水啮,东北隅尤易垫圮。宋嘉祐中,孔宗翰权知州事,伐石为址,冶铁锢之,就城北建八境台,高三层,俯临章贡,乞苏轼诗八首刻诸石。熙宁中,刘彝知虔州,以州城三面阻水,暴涨辄灌城,作水窗十二(三)间,视水消长而启闭之,水患顿息。"①

从史料来看,北宋时期赣州城的水患灾害应对中孔宗翰、刘彝分别做出了各自贡献。孔宗翰的重要贡献就是对城池的加固工作,仁宗嘉祐年间,孔宗翰为虔州太守,用石块作为城基,再用熔化的铁水浇注石缝间,这种方法,对加固城墙有很好的作用,在古代防洪史上也是一个创举。

如果说孔宗翰加固城墙之举提高了洪水来临时城市的防洪能力,避免了章水、贡水对城内的威胁。刘彝的城内排水系统规划建设,则极大地提高了城市的防涝能力。《独醒杂志》卷三记载:"彝守赣州,城东西濒江,每春夏水潦入城,民尝病浸,水退则人多疾死,前后太守莫能治。彝至,乃令城门各造水窗凡十有三间,水至则闭,水退则启,启闭以时,水患遂息。"②从史料看,春夏雨季来临时,由于章水、贡水水位暴涨,江水倒灌入城造成内涝,水退之后往往又会带来疾疫,相继任职的太守都没有治理之策。

熙宁二年,刘彝来此地任职之后,针对此难题,在十三处城门处,分别作了一个水窗,共十三间。江水暴涨时关闭,水退时则开启,按照规定的时间启闭,逐渐消除了水患。水窗是一项颇具科技含量的设计,宋代《营造法式》记载有具体的建造方法。基本材料是"用长三尺、广二尺、厚六寸石造",然后经过一套复杂的工序做成,其设计极为独特,每当江水水位低于水窗时,即借下水道水力将水窗冲开排水。反之,当江水水位高于水窗时,则借江水力将水窗自外紧闭,以防倒灌。当然,从"三时启闭"、"视水消长而启闭之"的记载看,水窗的开闭也可以实行人工控制。

---

① 〔清〕谢旻:《(康熙)江西通志》卷十六。
② 〔宋〕曾敏行:《独醒杂志》卷三。

2. 修缮福寿沟排水系统

这种水窗功能的发挥,也与城内福寿沟排水系统建设紧密关联在一起。福寿沟的具体建设年代不详,但刘彝于熙宁二年到任之后,对城内的排水系统进行了系统的规划和修缮。这种修缮,自然和当时朝廷的支持分不开。《宋史·神宗本纪》记载:"(熙宁二年)闰月,是月(十一月)差官提举诸路常平、广惠仓,兼管勾农田水利差役事。"①刘彝正是借朝廷大力提倡兴修农田水利之际,对赣州城作了新的规划和修缮工作。他规划并修建了赣州城区的街道。同时根据街道布局和城市地形特点,采取分区排水的规划措施,建成福沟和寿沟两大城区排水主干道,福沟受城东南之水,寿沟受城北之水。因其线路走向纵横纡折,或伏或现,形似古篆"福寿"二字,故名福寿沟。现存赣州古城墙建自宋代,根据考古发掘现存最早的铭文砖是熙宁二年,应是刘彝任职时主持修建的明证。自宋以后福寿沟历代都有维修,清同治八年至九年,维修后依实情汇出图形,总长约 12.6 千米,其中福沟约 1 千米,寿沟约 12.6 千米。

福寿沟联通水窗的地方,刘彝也采取了特别的处理措施。为了保证水窗内沟道畅通和具备足够的冲力,刘彝采取了改变断面,加大坡度等方法。有专家曾以现存仍在使用的度龙桥处水窗为例计算,该水窗断面尺寸宽 1.15 米、高 1.65 米,而度龙桥宽 4 米、高 2.5 米,于是通过度龙桥的水进入水窗时,流速陡然增加了 2—3 倍。同时,该水窗沟道的坡度为百分之 4.25(指水平距离每 100 米,垂直方向上升或下降 4.25 米),这是正常下水道采用坡度的 4 倍。这样确保水窗内能形成强大的水流,足以带走泥沙,排入江中。

刘彝的整修措施确实起到了很好的效果,"水患顿息"的评价确实并不为过。福寿沟和水窗经过历代修缮,一直在城市防洪排涝中发挥着重要作用。新中国成立之后,自 1953 年修复了厚德路的原福寿沟长 767.6 米,至今仍是旧城区的主要排水干道,留存的 6 个水窗仍在使用,这在全国众多的古城中是罕见的。

刘彝作为北宋时期著名的水利专家取得这样的成就,与他的知识储备、

① 〔元〕脱脱:《宋史》卷十四。

行政实践及熙丰改革的社会背景密不可分。首先,如果说家庭的环境给刘彝对水利事业的兴趣带来了积极的影响,师从胡瑗的私学教育,则对他水利知识获得和能力的培养产生了重要的作用。其次,游历的实践经历及地方的行政实践,则进一步提升了他在农田水利治理方面的能力,同时也取得了很好的实际效果。这些为刘彝在宋神宗和王安石推动变法选拔人才之际脱颖而出提供了可能。再者,进入京城参与农田水利及任都水监之后,刘彝得以把自己的治水才能得以施展,尤其是借助朝廷推行农田水利改革之际,把行政目标的完成与个人在水利科技方面的兴趣、探索紧密联系在一起,成功完成了在古代城市防洪减灾中的重大技术创新。

综上所述,可以看出,北宋时期随着印刷技术的发展和完善、知识的传播加速,私学教育在培养北宋的科技创新人才中发挥了重要作用,时代精神的演变及国家选拔人才制度的变革,把士大夫的学识和行政目标的追求有机地结合在了一起,个人的兴趣爱好、行政目标和国家社会需求的有机结合是促使他们参与科技创新并取得重大成就的关键原因。

附录一 两宋水灾纪年

北　宋

太祖建隆元年　960 年

十月　　　　壬午,河决厌次

　　　　　　蔡州大霖雨,道路行舟

　　　　　　河决滑州灵河县

建隆二年　961 年

不详　　　　宋州汴河溢,孟州坏堤,襄州汉水涨溢数丈

建隆三年　962 年

三月　　　　京师大雨

建隆四年　963 年

八月　　　　齐州河决,京师雨

九月　　　　徐州水损田

乾德二年　964 年

四月　　　　广陵、扬子等县潮水害民田

七月　　　　春州暴水溺民

　　　　　　泰山水,坏民庐数百区,牛畜死者甚众

乾德三年　965 年

二月	全州大水
	全州大雨水
七月	薪州大雨水,坏民庐舍。开封府河决,溢阳武。河中府、孟州并河水涨,孟州坏中潬军营、民舍数百区。又溢于郓州,坏民田。泰州潮水损盐城县民田。淄州、济州并河溢,害邹平、高苑县民田
八月	癸卯,河决阳武县。己未,郓州河水溢,没田
九月	澶州、邹平河决

乾德四年　966 年

六月	东阿河溢
七月	荥泽县河南北堤坏
八月	水坏高苑县城。河决滑州,坏灵河大堤
八月	宿州汴水溢。泗洲淮溢。衡州大雨水月余
闰八月	河溢南华县
九月	水

乾德五年　967 年

八月	河溢入卫州城,民溺死者数百

乾德六年　968 年

六月	州府二十三大雨水,江河泛溢,坏民田、庐舍
七月	泰州潮水害稼
八月	集州霖雨河涨

开宝二年　969 年

六月	汴决下邑
七月	下邑河决

八月	帝驻潞州,积雨累日未止
九月	京师大雨霖
不详	青、蔡、宿、淄、宋、真定、澶、滑、博、洺、齐、颖、蔡、陈、亳、宿、许州水

开宝三年　970 年

| 不详 | 郑、澶、郓、淄、济、蔡、解、徐、岳州水灾 |

开宝四年　971 年

六月	河决原武,汴决谷熟
六月	郓州河及汶、清河皆溢,注东阿县。蔡州五水并涨
七月	汴诀宋城
七月	青、齐州水伤田
十一月	河决澶州

开宝五年　972 年

正月	河决濮阳　河南、北淫雨、澶滑济郓曹濮六州大水
六月	河决阳武,汴决谷熟
六月	忠州江水涨二百尺
不详	绛、和、庐、寿诸州大水
不详	京师雨,连旬不止。河南河北诸州皆大霖雨

开宝六年　973 年

不详	郓州河决。怀州河决。颍州淮水溢
七月	历亭县御河决。单州、濮州并大雨水
秋	大名府、宋、亳、淄、青、汝、滑诸州并水伤田

开宝七年　974 年

| 四月 | 卫、亳州水 |

六月　　　　　淮溢入泗洲城。安阳河溢

开宝八年　975 年

五月　　　　　濮州河决

五月　　　　　京师大雨水

六月　　　　　沂州大雨

太宗太平兴国元年　976 年

三月　　　　　洛阳大雨

三月　　　　　京师大雨。淄州水害田

秋　　　　　　大霖雨

太平兴国二年　977 年

六月　　　　　颖州大水

六月　　　　　管城县焦肇水暴涨。颖州颖水涨

七月　　　　　河决荥泽、顿丘、白马、温县

七月　　　　　复州蜀、汉江涨。集州江涨，泛嘉川县

闰七月　　　　河溢开封等八县

八月　　　　　陕、澶、道、忠、寿诸州大水

九月　　　　　兴州江水溢，濮州大水，汴水溢

春夏　　　　　道州霖雨不止

太平兴国三年　978 年

四月　　　　　获嘉县河决

六月　　　　　泗洲大水，汴水决宁陵县

十月　　　　　灵河县河决

太平兴国四年　979 年

三月　　　　　河南府洛水涨七尺。泰州雨水害稼。宋州河决宋城县

八月	汴水决宋城县
八月	泰州大水
八月	梓州江涨
九月	汲县河决
九月	澶州河涨。郓州清、汶二水涨,坏东阿县民田。复州沔阳县湖涨。

太平兴国五年　980 年

五月	大霖雨
五月	京师连旬雨不止
六月	颍州大水,徐州白沟溢入城
七月	复州江水涨

太平兴国六年　981 年

七月	延州、宁、河中大水

太平兴国七年　982 年

三月	京兆府渭水涨
四月	润州大水
四月	耀、密、博、卫、常、润诸州水害稼
六月	河决临济县,汉阳军大水
六月	均州均水、汉江并涨。河决临邑县,汉阳军江水涨
七月	河决范济口,关陕诸州大水
七月	大名府御河涨。南剑州江水涨。京兆府咸阳渭水涨
十月	武德县河决

太平兴国八年　983 年

五月	河决滑州,过澶、濮、曹、济,东南入于淮
六月	谷、洛、涧溢,巩县坏殆尽

六月　　　　　陕州河涨。又永定河涧水涨。河南府澍于,坏巩县官署。荆门
　　　　　　　军长林县山水暴涨

七月　　　　　祁之子、沧之胡卢、雄之易恶池水,皆溢为患

八月　　　　　徐州清河涨丈七尺

九月　　　　　睢溢

十二月　　　　滑州河决

夏秋　　　　　开封等县河水害民田

雍熙元年　984 年

七月　　　　　嘉州江水暴涨

八月　　　　　河水溢

八月　　　　　淄州大水

八月　　　　　延州南北两河涨。孟州河涨。雅州江水涨九尺。新洲
　　　　　　　江涨

雍熙二年　985 年

七月　　　　　朗江溢

八月　　　　　瀛、莫二州大水

八月　　　　　京师大霖雨

雍熙三年　986 年

八月　　　　　大雨

不详　　　　　寿州大水

端拱元年　988 年

二月　　　　　博州水害民田

五月　　　　　英州江水涨五丈

七月　　　　　磁州漳、滏二水涨

淳化元年　990 年

六月　　　　黄梅县堀口湖水涨。孟州河涨

六月　　　　吉、洪、陇城等地大雨

不详　　　　洪、吉、江诸州水,河阳大水

淳化二年　991 年

闰二月　　　汴河决

四月　　　　河水溢

四月　　　　京兆府河涨。陕州河涨

六月　　　　浚仪县汴水决

六月　　　　河水、汴水溢

六月　　　　河决于宋城县。博州大霖雨,亳州河溢

七月　　　　许、雄、嘉三州大水

七月　　　　齐州明水涨。复州蜀、汉二江水涨。泗洲招信县大雨

八月　　　　藤州江水涨十余张

九月　　　　蒲江等县山水暴涨

秋　　　　　荆湖北路江水注溢

淳化三年　992 年

七月　　　　洛水溢

九月　　　　京师霖雨

十月　　　　上津县大雨,河水溢

淳化四年　993 年

六月　　　　陇城县大雨,河涨

七月　　　　澶州大雨

七月　　　　京师大雨,十昼夜不止

九月　　　　河水溢,坏澶州

九月　　　　梓州玄武县涪河涨二丈五尺

十月　　　　　河决澶州
秋　　　　　　陈、颖诸州霖雨

淳化五年　994 年

四月　　　　　大雨
秋　　　　　　开封府诸州雨水害稼

至道元年　995 年

四月　　　　　大雨
五月　　　　　虔州江水涨

至道二年　996 年

四月　　　　　雨
六月　　　　　河南府洛等三水涨
七月　　　　　谷熟县汴水决
七月　　　　　建州溪水涨。郓州河涨
闰七月　　　　陕州河涨
闰七月　　　　广南诸州并大雨水

真宗咸平元年　998 年

五月　　　　　昭州大霖雨
七月　　　　　凤翔府境山水暴涨。齐州清、黄河泛溢

咸平二年　999 年

十月　　　　　漳州山水泛溢

咸平三年　1000 年

三月　　　　　梓州江水涨
五月　　　　　河决郓州

七月	洋州汉水溢
八月	京东水灾
不详	果阆州水

咸平四年　1001 年

七月	水溢夏阳县
不详	梓州水

咸平五年　1002 年

二月	雄、沧等诸州水,坏民田
六月	都城大雨

咸平六年　1003 年

二月	京东西、淮南水灾

景德元年　1004 年

九月	宋州汴水决。河决澶州

景德二年　1005 年

六月	宁州山水泛溢

景德三年　1006 年

六月	汴水暴涨
七月	应天府汴水决,南注亳州
八月	青州山水坏石桥
八月	青州大雨

景德四年　1007 年

六月	郑州索水涨,漂荥阳县居民四十二户。邓州江水暴涨。南剑州

山水泛溢

七月	河溢澶州
八月	横州江涨

大中祥符元年　1008 年

六月	开封府惠民河决

大中祥符二年　1009 年

七月	徐、济、青、淄诸州大水
八月	京东大水
八月	凤州大风雨
八月	无为军大风雨
十月	兖州霖雨害稼
十月	京畿惠民河决
十月	霖雨害稼

大中祥符三年　1010 年

四月	升州霖雨
五月	京师大雨
六月	并江水泛溢吉州、临江军
九月	河决河中府

大中祥符四年　1011 年

七月	江、袁诸州江涨
八月	河决通利军
九月	河溢于孟州温县。苏州吴江泛溢
十一月	楚、泰州潮水害民田
不详	吉州、临江军江水溢

大中祥符五年 1012 年

正月	棣州河决
七月	淮安镇山水暴涨
九月	建安军大霖雨

大中祥符六年 1013 年

六月	保安军河溢

大中祥符七年 1014 年

六月	泗洲水害民田。河南府洛水涨。秦州有溺死者
八月	澶州河决
十一月	滨州河溢

大中祥符八年 1015 年

二月	大雨
不详	坊州大雨、河溢

大中祥符九年 1016 年

六月	秦州独孤谷水坏长道县盐官镇城桥
七月	延州山水泛溢,坏堤、城
九月	雄、霸州河溢
九月	利州水漂栈阁

天禧三年 1019 年

六月	河决滑州,泛澶、濮、郓、齐、徐
八月	滑州河决

天禧四年 1020 年

七月	京城大雨

七月　　　　京师连雨弥月。自是频雨，及冬方止

天禧五年　1021 年

三月　　　　京东、西水灾

乾兴元年　1022 年

正月　　　　秀州水灾

二月　　　　苏、湖、秀诸州雨

不详　　　　苏州水，沧州海潮溢

不详　　　　京东、淮南路水灾

仁宗天圣元年　1023 年

不详　　　　徐州仍岁水灾

天圣三年　1025 年

十一月　　　襄州汉水坏民田

天圣四年　1026 年

六月　　　　建、剑、邵武等州军大水。京师大雨

六月　　　　河南府、郑州大水

六月　　　　莫州大雨，坏城壁

十月　　　　京山县山水暴涨

不详　　　　汴水溢，决陈留堤，又决京城西贾陂入护龙河

天圣五年　1027 年

三月　　　　襄、颖、许、汝等州水

七月　　　　泰州盐官镇大水

天圣六年　　**1028 年**

七月　　　　江宁府诸州江水溢

七月　　　　雄、霸州大水

八月　　　　河决澶州

八月　　　　临潼县山水暴涨

天圣七年　　**1029 年**

六月　　　　大雷雨，玉清昭应宫灾

不详　　　　河北水

自春涉夏　　雨不止

明道元年　　**1032 年**

四月　　　　大名府冠氏等八县水浸民田

明道二年　　**1033 年**

六月　　　　京师雨，坏军营府库

景祐元年　　**1034 年**

闰六月　　　淮、汴溢泗洲

七月　　　　河决澶州

八月　　　　洪州分宁县山水暴发

景祐三年　　**1036 年**

六月　　　　虔、吉州水溢

七月　　　　大雨震电

景祐四年　　**1037 年**

六月　　　　杭州江潮坏堤

八月　　　　越州水

宝元元年　1038 年

正月至四月　建州溪水大涨，入州城
六月　　　　建州大水
不详　　　　达州大水

康定元年　1040 年

九月　　　　滑州河溢

庆历元年　1041 年

三月　　　　汴流不通

庆历三年　1043 年

五月　　　　雨

庆历六年　1046 年

七月　　　　河东大雨，坏代州等城城壁

庆历八年　1048 年

六月　　　　河决澶州
七月　　　　卫州大雨水
不详　　　　河北大水

皇祐元年　1049 年

二月　　　　河北黄、御二河决，注于乾宁军
不详　　　　河朔频年水灾

皇祐二年　1050 年

八月　　　　深州大雨
闰十一月　　河北水

不详　　　　　镇定复大水

皇祐三年　1051 年
七月　　　　　河决大名府

皇祐四年　1052 年
八月　　　　　京城大风雨
不详　　　　　河北路水

嘉祐元年　1056 年
四月　　　　　六塔河复决
四月　　　　　京师大雨,江河决溢,河北尤甚
六月　　　　　雨坏太社、太稷坛

嘉祐二年　1057 年
自五月起　　　京师大雨不止
五月　　　　　京师昼夜大雨
六月　　　　　开封府界及京东西、河北水潦害民田
六月　　　　　雨坏太社、太稷坛
七月　　　　　京东西、荆湖北路水灾
八月　　　　　河北久雨
夏秋　　　　　淮水暴涨,环浸泗州城
不详　　　　　诸路江河溢决,河北尤甚

嘉祐三年　1058 年
七月　　　　　广济河溢,原武县河决
八月　　　　　霖雨害稼

嘉祐五年　1060 年

七月	苏湖二州水灾

嘉祐六年　1061 年

七月	淮水溢泗洲
七月	河北、京西、淮南、两折、江南等淫雨为灾
闰八月	京师久雨
不详	频雨,及冬方止

嘉祐七年　1062 年

六月	代州大雨,山水暴入城
七月	窦州山水坏城。河决北京

英宗治平元年　1064 年

不详	畿内、宋、高邮等州军大水
夏秋	京师久雨不止

治平二年　1065 年

八月	京师大雨,水

神宗熙宁元年　1068 年

六月	枣强河决
七月	恩、冀州河决
八月	冀州大雨
秋	霸州山水涨溢,保定军大水

熙宁二年　1069 年

八月	河决沧州饶安。泉州大风雨,水与潮相冲泛溢

熙宁四年　1071 年

八月　　　金州大水

九月　　　郓州河决

熙宁五年　1072 年

二月　　　两浙水

熙宁七年　1074 年

五月　　　大雨水，坏陕、平陆二县

六月　　　熙州大雨，洮河泛溢

熙宁八年　1075 年

四月　　　湖南江水溢

七月　　　虔州江水溢

熙宁九年　1076 年

七月　　　太原府汾河夏秋霖雨，水大涨

十月　　　海阳、潮阳二县海潮溢

熙宁十年　1077 年

七月　　　河决澶州

七月　　　洺州漳河决。沧、卫霖雨不止

元丰元年　1078 年

不详　　　章丘河水溢。舒州山水暴涨

元丰三年　1080 年

七月　　　澶州河决

元丰四年 1081 年

四月　　　　河决澶州

四月　　　　澶州临河县小吴河溢北流

五月　　　　淮水泛涨

七月　　　　海风驾大雨,漂浸泰州州城

元丰五年 1082 年

八月　　　　原武河决

九月　　　　滑州河水溢

十月　　　　洛口大河溢

元丰六年 1083 年

不详　　　　汴水溢

元丰七年 1084 年

六月　　　　青田县大水

七月　　　　伊、洛溢,河决元城

七月　　　　河北东西路水。北京馆陶水

八月　　　　赵、邢诸州河水溢

夏秋　　　　磁州漳、滏河水泛溢。临漳河决

不详　　　　河北水,坏洺州庐舍

不详　　　　相州漳河决。怀州黄、沁河泛溢

元丰八年 1085 年

十月　　　　大名河决

哲宗元祐元年 1086 年

不详　　　　河北,楚、海诸州水

元祐四年　1089 年

不详　　　　霖雨,河流泛涨

元祐五年　1090 年

不详　　　　浙西水

元祐六年　1091 年

不详　　　　两浙水

元祐八年　1093 年

四月至八月　畿内,京东西、淮南、河北诸路大水

八月　　　　诸路水

不详　　　　河入德清军,决内黄口

绍圣元年　1094 年

七月　　　　京畿久雨,曹、陈诸州水

九月　　　　河北水

十二月　　　漳河决溢,浸洺、磁等州

不详　　　　洛水溢,河北水

元符元年　1098 年

十月　　　　河北、京东河溢

不详　　　　澶州河溢

元符二年　1099 年

六月　　　　久雨,陕西、京西、河北大水

九月　　　　京师久雨

不详　　　　两浙、苏、湖等州尤罹水患

元符三年 1100 年

七月　　　京师久雨

徽宗建中靖国元年 1101 年

二月　　　京师久雨,诏京西祈晴

崇宁元年 1102 年

七月　　　开封府雨水坏民庐

七月　　　久雨,坏京城庐舍

崇宁三年 1104 年

六月　　　京师久雨

八月　　　京师大雨

崇宁四年 1105 年

五月　　　京师久雨

自七月至十月京师雨不止

不详　　　苏、湖、秀三州水

大观元年 1107 年

夏　　　　京畿大水

十月　　　苏、湖水

不详　　　京东水,河溢

大观二年 1008 年

八月　　　邢州河水溢

秋　　　　黄河决,陷没邢州巨鹿县

大观三年　1109 年

六月	冀州河水溢
七月	阶州久雨,江溢

大观四年　1110 年

夏	邓州大水,漂没顺阳县
不详	燮州江水溢

政和五年　1115 年

六月	江宁府等水
八月	苏、湖、常、秀诸州水
不详	平江府、常、湖、秀等州水

政和七年　1117 年

不详	瀛、沧州河决

重和元年　1118 年

不详	江淮荆浙梓诸州水

宣和元年　1119 年

五月	大水犯都城
十一月	东南州县水

宣和三年　1121 年

六月	河决青州

宣和六年　1124 年

秋	京畿恒雨。河北、京东两浙水
不详	两河京东西浙西水

钦宗靖康元年　1126 年

四月　　　京师大雨

五月至六月　京师暴雨伤麦,夏行秋令

南　宋

高宗建炎二年　1128 年

春　　　东南郡国水

春　　　淫雨

东　　　决黄河,自泗入淮以阻金兵

建炎三年　1129 年

二月　　　杭州久霖雨

五月　　　霖雨,夏寒

绍兴元年　1131 年

不详　　　行都雨

不详　　　婺州雨

绍兴二年　1132 年

不详　　　徽、严二州水

绍兴三年　1133 年

正月至二月　雨

七月　　　四川霖雨

七月　　　泉州水三日

七月至明年　四川霖雨
正月

绍兴四年　1134 年

| 六月 | 苏湖二州淫雨害稼 |
| 九月 | 久雨 |

绍兴五年　1135 年

三月	行都雨甚
九月至明年 正月	雨
秋	西川郡国水

绍兴六年　1136 年

| 五月 | 久雨不止 |
| 冬 | 饶州雨水坏城 |

绍兴七年　1137 年

| 十月 | 建康久雨 |

绍兴八年　1138 年

| 三月至四月 | 积雨 |

绍兴十一年　1141 年

五月	婺州大水
五月	严信衢建四洲水
五月	水侵兰溪县,死者万余人

绍兴十六年　1146 年

| 不详 | 潼川府江溢,水入城 |

绍兴十八年　1148 年

| 八月 | 绍兴府明婺等州水 |

绍兴二十一年　1151 年

| 夏 | 襄阳府大雨十余日 |

绍兴二十二　1152 年

| 五月 | 襄阳大水 |
| 不详 | 淮甸水 |

绍兴二十三年　1153 年

六月	潼川大水
六月	大雨
七月	光泽县大雨
不详	金堂县大水。潼川府江溢。宣州大水

绍兴二十七年　1157 年

| 不详 | 镇江、汉阳等十余州军大水 |

绍兴二十八年　1158 年

| 六月 | 兴利二州及大安军大雨水 |
| 九月 | 江东淮南浙东西绍兴府湖常秀闰诸州大雨水 |

绍兴二十九年　1159 年

| 七月 | 福州大水 |

绍兴三十年　1160 年

| 五月 | 临安等三县大水 |
| 五月 | 久雨 |

八月　　　　施州大风雨

绍兴三十一年　1161 年
八月　　　　建始县大水

绍兴三十二年　1162 年
四月　　　　大雨，淮水暴溢
六月　　　　浙西郡县山涌暴水
六月　　　　浙西大霖雨

孝宗隆兴元年　1163 年
三月　　　　行都霖雨
八月　　　　浙东西大风、水，绍兴为甚
不详　　　　浙、江东大水

隆兴二年　1164 年
六月　　　　淫雨
七月　　　　平江等数十州郡皆大水，人溺死甚众
七月　　　　浙西江东大雨
八月　　　　风雨逾月

乾道元年　1165 年
六月　　　　常湖二州水坏田

乾道二年　1166 年
正月至四月　淫雨
八月　　　　温州大水

乾道三年　　1167 年

五月	泉州大雨
六月	庐舒等州水
七月	临安府天目山涌暴水
八月	江浙淮闽淫雨
八月至九月	湖秀州水、江西诸郡水、江东山水溢,隆兴府四县为甚

乾道四年　　1168 年

四月	淫雨弥月
七月	徽州大水。衢州大水
七月	衢州大水。诸暨县大水。江宁建康水
不详	饶信水

乾道六年　　1170 年

五月	平江、江西等十余州郡大水,江东城有深丈余者
五月	行都连雨六十余日
十一月	行都连雨
不详	两浙江东西福建水

乾道八年　　1172 年

四月	四川阴雨七十余日
五月	赣州、南安军山水暴出,隆兴府等皆大雨水
六月	四川郡县大雨水
六月	大雨彻昼夜
不详	四川水

乾道九年　　1173 年

闰正月	淫雨
五月	建康等州军水

六月　　　　　湖北郡县水

淳熙元年　1174 年
七月　　　　　钱塘大风涛，决临安府江堤

淳熙二年　1175 年
夏　　　　　　建康府霖雨

淳熙三年　1176 年
五月　　　　　淮、浙积雨
八月　　　　　台州大风雨，大水决江岸。行都大雨水
八月　　　　　浙东西江东连雨。行都大风雨
九月　　　　　久雨
不详　　　　　绍兴台婺州水

淳熙四年　1177 年
五月　　　　　建宁府、福、南剑州大雨水。钱塘江涛大溢
九月　　　　　大风雨驾海涛，败钱塘余姚上虞定海诸县堤
九月　　　　　余姚上虞二县大风雨
不详　　　　　福州建宁南剑州水

淳熙五年　1178 年
六月　　　　　古田县大水
闰六月　　　　阶州水。兴化军大水
不详　　　　　阶州兴化军水

淳熙六年　1179 年
四月　　　　　衢州霖雨
夏　　　　　　衢州水

九月　　　　行都连雨

秋　　　　　宁国府、温台湖秀等州县水

淳熙七年　1180 年

五月　　　　分宜县大水

淳熙八年　1181 年

四月　　　　雨腐禾麦

五月　　　　严州大水。绍兴府大水

五月　　　　久雨,败首种

七月　　　　绍兴大水

不详　　　　江浙两淮京西湖北潼川夔州等路水旱相继

不详　　　　徽、江二州水

淳熙十年　1183 年

五月　　　　信州大水入城。襄阳府大水。江东浙西水

五月　　　　信州霖雨

八月　　　　雷州大风激海涛

八月至九月　福州大霖雨,吉州亦如之

九月　　　　长溪宁德大水

不详　　　　福漳台信吉等州水

淳熙十一年　1184 年

四月　　　　和州水

四月　　　　建康府太平州大霖雨

五月　　　　阶州白江水溢

六月　　　　龙泉县大雨

七月　　　　明州大风雨

不详　　　　江东浙西水

淳熙十二年　1185 年

五月至六月	皆霖雨
六月	婺州及富阳县皆水
八月	安吉县暴水发
九月	台州水
夏至冬	鄂州水浸民庐

淳熙十三年　1186 年

秋	利州霖雨,金洋阶称岷凤六州亦如此

淳熙十四年　1187 年

三月	汀州水

淳熙十五年　1188 年

五月	祁门县大水
五月	淮甸大雨水,淮水溢,庐、濠等州军皆漂庐舍。鄂州大水。江陵等州军水。祁门群山暴汇为大水
五月	荆淮郡国连雨
六月	建宁隆兴袁抚等州水坏民庐
七月	黄岩县水败田。鄱阳湖溢鄱阳县

淳熙十六年　1189 年

四月	绍兴府新昌县山水暴作
四月	西和州霖雨
五月	常德府辰沅等州大水入其郭
五月	汀州大水。分宜县水
五月	诸道霖雨
闰五月	阶州大水入其郭

六月　　　　镇江大水

六月　　　　潼川府东南二江溢

光宗绍熙元年　1190 年

春至三月　　久阴连雨

夏　　　　　阶成岷凤四州霖雨

绍熙二年　1191 年

二月　　　　赣州霖雨,连春夏不止

三月　　　　宁化连水漂庐舍

四月　　　　福建路霖雨

五月　　　　福州水。潼川、大案、兴等十余州军大水

六月　　　　宁化又溢

七月　　　　兴州大水

七月　　　　嘉陵江暴溢,潼川数州军皆水。古松州江水暴溢

七月　　　　利州久雨。兴州暴雨连日

八月　　　　行都久雨

十一月　　　大风雨

不详　　　　建宁府汀州水

绍熙三年　1192 年

五月　　　　常德府大水入其郭

五月　　　　潼川府东南江溢。池州大雨水。泾县大雨水

五月　　　　江东湖北连雨。常德雨彻昼夜。宁国池州雨甚

六月　　　　建平县水。祁门县水

七月　　　　台州水

七月　　　　天台仙居大水连旬,襄阳江陵大雨水,汉江溢。复州、荆门军水
　　　　　　镇江三县水。

七月　　　　淮西镇江襄阳皆水

八月	普州雨害稼
不详	江东京西湖北水

绍熙四年 1193 年

四月	上高县水
四月至五月	霖雨，浙东西江东湖北水坏田。镇江大雨
五月	淮西大水
五月	奉新县大雷雨、水
五月	诸暨萧山宣城宁国大水。广德军水害稼。筠州水浸民庐。进贤县水
六月	兴国军水。靖安县水、赣州江陵水
七月	丰城水
八月	隆兴府水。吉州水
自夏至秋	江西九州三十七县皆水
不详	兴化军大风激海涛

绍熙五年 1194 年

五月	贵池泾县皆水。泰州大水
七月	慈溪县水。会稽诸县大风驾海涛
八月	钱塘等县大雨水。安吉县水。平江、镇江等州军皆水
八月	浙东西霖雨
九月	江东西福建皆苦雨
秋	武陵江溢

宁宗庆元元年 1195 年

正月至三月 五月	行都霖雨
六月	台州大风雨
七月	黄岩水尤甚

七月至八月　临安府水

庆元二年　1196 年

六月　　　台州暴雨连夕

八月　　　行都霖雨五十余日

秋　　　　浙东大水

庆元三年　1197 年

七月　　　雨连月

九月　　　绍兴府婺州水害稼

庆元四年　1198 年

八月　　　久雨

庆元五年　1199 年

五月　　　行都雨

六月至八月　浙东西霖雨

秋　　　　台温衢鸷水

不详　　　饶信江抚严衢台七州广东诸州皆水

庆元六年　1200 年

五月　　　饶信严衢徽南剑七州及江西皆大水

五月　　　严州霖雨

嘉泰二年　1202 年

六月至七月　福建路连雨,大风雨为灾

七月　　　上杭水建安长溪古田剑浦诸县漂民庐无数

不详　　　建宁府、福、汀、泸、南剑四州水

嘉泰三年　1203 年

四月	江南水害稼
八月	久雨

开禧元年　1205 年

七月	利路郡县霖雨害稼
闰七月至 九月	盱眙阴雨
九月	汉、淮水溢,荆湘淮东郡国水
十月至 明年春	行都淫雨
不详	两淮京西湖北水

开禧二年　1206 年

春至于三月	淫雨
五月	东阳县大水

开禧三年　1207 年

不详	沿江诸州水
不详	江浙淮水,鄂州汉阳尤甚

嘉定二年　1209 年

五月	连州大水
六月	西和州水,昭化县水,成州水。同谷县遂宁府阆州水
六月	利阆成西和四州霖雨
七月	台州大风雨激海涛

嘉定三年　1210 年

三月	阴雨六十余日

四月　　　　　新城县大水
五月　　　　　严衢鹜徽诸州富阳余杭淳安诸县大雨水。行都大水
五月至六月　淫雨　临安绍兴二府大水

嘉定四年　1211 年

七月　　　　　慈溪大水
八月　　　　　山阴海败堤
八月至九月　霖雨

嘉定五年　1212 年

春至三月　　淫雨
五月　　　　　严州水
六月　　　　　台州及建德诸暨会稽县水

嘉定六年　1213 年

春至二月　　淫雨
五月　　　　　严州霖雨
六月　　　　　淳安山涌暴水。于潜大水。诸暨风雷大雨。钱塘临安余杭皆水
六月至七月　绍兴府大风雨，浙东西雨
不详　　　　　两浙大水

嘉定七年　1214 年

九月至十月　阴雨

嘉定九年　1216 年

四月　　　　　大霖雨，浙东西郡县尤甚
五月　　　　　行都绍兴严衢鹜台信饶福漳泉处兴化军大水

嘉定十年　1217 年

三月至四月	连雨
六月	东川大水
十月	霖雨害稼
冬	浙江涛溢。蜀汉二州江没城

嘉定十一年　1218 年

六月	武康吉安大水
六月	霖雨,浙西郡县尤甚

嘉定十二年　1219 年

六月	霖雨弥月
不详	盐官县海失故道,潮汐冲平野三十余里

嘉定十四年　1221 年

不详	沔成阶利四州水
不详	建康府大水

嘉定十五年　1222 年

七月	萧山大水,时久雨,衢婺徽严暴流与江涛合
七月	浙东西霖雨为灾

嘉定十六年　1223 年

五月	江浙淮荆蜀水,鄂州江湖合涨,城市沉没
五月	霖雨　浙西湖北江东淮东尤甚
八月	大风雨害稼
秋	余杭钱塘仁和大水。福漳泉州兴化军水害稼

嘉定十七年　1224 年

五月　　　福建大水。建宁府没平政桥南剑州水入城。建昌军大水

八月　　　霖雨

理宗宝庆元年　1225 年

七月　　　滁州大水

宝庆二年　1226 年

七月　　　遂安休宁两县界山裂,洪水坏公宇民田

绍定二年　1229 年

九月　　　台州大水

不详　　　天台仙居大水

绍定四年　1231 年

不详　　　沿江水灾

端平三年　1236 年

三月　　　大雨水

不详　　　英德府昭州及襄汉江皆大水

嘉熙元年　1237 年

不详　　　饶信水

嘉熙二年　1238 年

不详　　　浙江溢

淳祐二年　1242 年

不详　　　绍兴府处婺二州水

淳祐七年　1247 年
不详　　　　福建水

淳祐十年　1250 年
八月　　　　台州大水
不详　　　　严州水

淳祐十一年　1251 年
八月　　　　汀州山水暴至
九月　　　　江陵水
不详　　　　江浙多水饶州水

淳祐十二年　1252 年
六月　　　　严衢婺台处上饶建宁南剑邵武大水

宝祐元年　1253 年
七月　　　　温台处三郡大水

宝祐三年　1255 年
五月　　　　浙西大水

开庆元年　1259 年
不详　　　　处严二州水

景定二年　1261 年
不详　　　　浙东水

景定三年　1262 年
二月　　　　临安安吉嘉兴水

度宗咸淳六年　1270 年

五月　　　　大雨水

九月　　　　台州大水

闰十月　　　安吉州水

十一月　　　嘉兴华亭两县水

咸淳七年　1271 年

正月　　　　绍兴府诸暨县湖田水

五月　　　　诸暨县大水。重庆府江水泛溢

六月　　　　诸暨大雨

咸淳八年　1272 年

八月　　　　绍兴府六邑水

十月　　　　余姚上虞诸暨萧山五县大水

咸淳十年　1274 年

三月　　　　庐州水

四月　　　　绍兴府大雨水

八月　　　　临安府水，安吉、武康县水

附录二　两宋旱灾纪年

北　宋

太祖建隆二年　961 年

夏冬　　　京师夏旱,冬又旱

建隆三年　962 年

春夏　　　京师春夏旱,河北大旱,霸州苗皆焦仆,又河南、河中府、孟、泽、
　　　　　濮、郓、齐、济、滑、延、隰、宿等州并春夏不雨

四月　　　赵、卫二州旱

五月　　　齐、博、德、相、霸五州自春不雨

建隆四年　963 年

四月　　　京师旱

夏秋　　　京师夏秋旱,又怀州旱

冬　　　　京师旱

乾德二年　964 年

正月　　　京师旱

不详　　　河南府、陕、麟、博、灵州、河中府旱甚

乾德四年　966 年

春　　　　京师不雨,江陵府、华州、涟水军旱

七月　　　华州旱,免今年租

乾德五年　967 年

正月　　　京师旱

秋　　　　京师复旱

开宝二年　969 年

夏至七月　京师不雨

开宝三年　970 年

夏　　　　京师旱,邠州夏旱

开宝五年　972 年

春　　　　京师旱

冬　　　　京师又旱

开宝六年　973 年

冬　　　　京师旱

开宝七年　974 年

春夏　　　京师旱

夏　　　　河南府、晋、解州夏旱

秋　　　　滑州秋旱

冬　　　　京师又旱

开宝八年　975 年

春　　　　京师旱

不详　　　　关中旱甚

太宗太平兴国二年　977 年
正月　　　　京师旱

太平兴国三年　978 年
春夏　　　　京师旱

太平兴国四年　979 年
冬　　　　　京师旱

太平兴国五年　980 年
夏　　　　　京师旱
秋　　　　　京师又旱

太平兴国六年　981 年
春夏　　　　京师旱

太平兴国七年　982 年
春　　　　　京师、孟、绛、密、瀛、卫、曹、缁州旱

雍熙元年　984 年
夏　　　　　京师旱
秋　　　　　江南大旱

雍熙二年　985 年
冬　　　　　京师旱

雍熙三年　986 年

冬　　　　　京师旱

雍熙四年　987 年

冬　　　　　京师旱

端拱二年　989 年

五月　　　　京师旱

七月至　　　京师旱
十一月

不详　　　　河南府、莱、登、深、冀州旱甚,民多饥死,诏发仓粟贷之

淳化元年　990 年

正月至四月　京师不雨,帝蔬食祈雨,河南、凤翔、大名、京兆府、许、仓、汝、
　　　　　　乾、郑、同等州旱

七月　　　　开封、陈留、封丘、酸枣、鄢陵旱

八月　　　　京兆长安八县旱

不详　　　　开封、大名管内及许、沧、单、汝、乾、郑等州及寿安、长安、天兴
　　　　　　等二十七

淳化二年　991 年

春　　　　　京师大旱

不详　　　　大名、河中、绛、濮、陕、曹、济、同、淄、单、德、徐、晋、辉、磁、博、
　　　　　　汝、兖、汾、郑、亳、庆、许、齐、滨、棣、沂、贝、卫、青、霸等州旱

淳化三年　992 年

春　　　　　京师大旱

冬　　　　　京师复大旱

不详　　　　河南府、京东、西,河北、河东、陕西及亳、建、淮阳等三十六州

军旱

淳化四年　993 年
夏　　　　　京师不雨,河南府,许、汝、亳、滑、商州旱

淳化五年　994 年
六月　　　　京师旱

至道元年　995 年
春　　　　　京师旱

至道二年　996 年
三月　　　　京师旱
春夏　　　　京师旱

真宗咸平元年　998 年
春夏　　　　京畿旱,又江浙、淮南、荆湖四十六军州旱

咸平二年　999 年
春　　　　　京师旱甚,又广南西路、江、浙、荆湖及曹、单、岚州、淮阳军旱
不详　　　　江、浙、广、南、荆湖旱

咸平三年　1000 年
二月　　　　京畿旱
不详　　　　畿内、江南、荆湖旱

咸平四年　1001 年
正月至四月　京畿不雨

景德元年　1004 年

夏　　　　　京师旱，人多渴死

景德三年　1006 年

夏　　　　　京师旱

大中祥符二年　1009 年

五月　　　　陕西旱

春夏　　　　京师、河南府及潭、邢州旱

大中祥符三年　1010 年

夏　　　　　京师旱，江南褚路、宿州、润州旱

不详　　　　江、淮南旱

大中祥符四年　1011 年

五月　　　　京兆旱

大中祥符五年　1012 年

五月　　　　江、淮、两浙旱

大中祥符八年　1015 年

不详　　　　京师旱

大中祥符九年　1016 年

秋　　　　　京师旱，大名府、澶州、相州旱

天禧元年　1017 年

春　　　　　京师旱

夏　　　　　陕西旱

秋　　　　　京师旱

天禧二年　1018 年
不详　　　　陕西旱

天禧四年　1019 年
春　　　　　利州路旱
夏　　　　　京师旱

天禧五年　1021 年
冬　　　　　京师旱

仁宗天圣二年　1024 年
春　　　　　京师不雨

天圣五年　1027 年
五月　　　　京畿旱
夏秋　　　　京师大旱
不详　　　　华州旱

天圣六年　1029 年
四月　　　　京师不雨

明道元年　1032 年
三月　　　　江淮旱
五月　　　　河南久旱伤苗

明道二年　1033 年
不详　　　　南方大旱

景祐三年　1036 年

六月　　　　河北久旱,遣使谒北岳祈雨

庆历元年　1041 年

九月　　　　京师遣官祈雨

庆历二年　1042 年

六月　　　　京师祈雨

庆历三年　1043 年

不详　　　　遣使谒岳渎祈雨

庆历四年　1044 年

三月　　　　两浙、淮南、江南祠庙祈雨

庆历五年　1045 年

二月　　　　天久不雨,令州县决淹狱,又幸大相国寺、会灵观、天清寺祈雨

庆历六年　1046 年

四月　　　　京师遣使祈雨

庆历七年　1047 年

正月　　　　京师不雨
二月　　　　遣官岳渎祈雨
三月　　　　西太乙宫祈雨

皇祐元年　1049 年

五月　　　　遣官祈雨

皇祐三年　1051 年

五月　　　冀州旱

八月　　　汴河绝流

至和二年　1055 年

四月　　　遣官祈雨

嘉祐三年　1058 年

七月　　　夒州路旱

嘉祐五年　1060 年

夏秋　　　梓州路夏秋不雨

嘉祐七年　1062 年

三月　　　甲子,罢春燕,以久旱故也,辛丑,西太乙宫祈雨

英宗治平元年　1064 年

春　　　　京师逾时不雨,郑、滑、蔡、汝、颖、曹、濮、洺、磁、晋、耀、登等州、
　　　　　河中府、庆城军旱

治平二年　1065 年

春　　　　京师不雨

神宗熙宁二年　1069 年

三月　　　京师旱甚

熙宁三年　1070 年

六月　　　畿内旱

八月　　　卫州旱

不详　　　　诸路旱

熙宁五年　1072 年
五月　　　　北京自春至夏不雨

熙宁七年　1074 年
自春及夏　　河北、河东、陕西、京东西、淮南诸路久旱
九月　　　　诸路复旱，时新复洮河亦旱，羌户多殍死

熙宁八年　1075 年
四月　　　　真定府大旱
八月　　　　淮南、两浙、江南、荆湖等路旱

熙宁九年　1076 年
八月　　　　河北、京东、京西、河东、陕西旱

熙宁十年　1077 年
春　　　　　诸路旱

元丰二年 1079 年
春　　　　　河北、陕西、京东西诸郡旱

元丰三年　1080 年
春　　　　　西北诸路旱

元丰五年　1082 年
不详　　　　京师亢旱

元丰六年　1083 年

夏　　　　畿内旱

哲宗元祐元年　1086 年

春　　　　诸路旱

正月　　　帝及太皇太后车驾分日谒寺观祷雨

冬　　　　京师复旱

元祐二年　1087 年

春　　　　京师旱

元祐三年　1088 年

秋　　　　诸路旱，京西、陕西尤甚

元祐四年　1089 年

春　　　　京师及东北旱，罢春燕

元祐五年　1090 年

不详　　　东北旱

元祐八年　1093 年

秋　　　　京师旱

绍圣三年　1096 年

不详　　　江东大旱，溪河涸竭

绍圣四年　1097 年

五月　　　京师亢旱

不详　　　两浙旱

元符元年　1098 年

不详　　　　东南旱

元符二年　1099 年

春　　　　　京畿旱

徽宗建中靖国元年　1101 年

不详　　　　江、淮、两浙、湖南、福建旱

不详　　　　衢、信等州旱

崇宁元年　1102 年

不详　　　　江浙、熙、河、漳、泉、潭、衡、郴州，兴化军旱

大观元年　1107 年

不详　　　　秦凤旱

大观二年　1108 年

六月至十月　淮南、江东西诸路大旱，自六月不雨，至于十月

大观三年　1109 年

不详　　　　江淮、荆、浙、福建旱

政和元年　1111 年

四月　　　　淮南旱

政和三年　1113 年

江东　　　　旱

政和四年　1114 年

不详　　　　旱,诏振德州流民

宣和元年　1119 年

秋　　　　　淮南旱

十一月　　　淮甸旱

不详　　　　淮东大旱

宣和二年　1120 年

不详　　　　淮南旱

宣和四年　1122 年

不详　　　　东平府旱

宣和五年　1123 年

不详　　　　秦凤旱

不详　　　　燕山府路旱

南　宋

高宗建炎二年　1128 年

夏　　　　　旱

绍兴二年　1132 年

不详　　　　常州大旱

绍兴三年　1133 年

四月至七月　行都旱,至于七月

绍兴五年　1135 年

五月	浙东西旱五十余日
六月	江东湖南旱
秋	四川旱甚

绍兴六年　1136 年

| 不详 | 夔潼成都郡县及湖南衡州皆旱 |

绍兴七年　1137 年

| 春 | 旱七十余日,时帝将如建业,随所在分遣从臣,有事于名山大川 |
| 六月 | 又旱,江南尤甚 |

绍兴八年　1138 年

| 冬 | 行都不雨 |

绍兴九年　1139 年

| 六月 | 行都旱六十余日,有事于山川 |

绍兴十一年　1141 年

| 七月 | 旱,戊申,有事于岳渎,乙卯,祷雨于圜丘方泽宗庙 |

绍兴十二年　1142 年

三月	行都旱六十余日
秋	京西淮东旱
十二月	陕西旱

绍兴十八年　1148 年

| 夏 | 浙东西、淮南江东旱 |
| 不详 | 浙东西旱,绍兴府大旱 |

绍兴十九年　1149 年

不详　　　　常州镇江府旱

绍兴二十四年　1154 年

不详　　　　浙东西旱

绍兴二十九年　1159 年

二月　　　　行都旱七十余日

不详　　　　江浙郡国旱

绍兴三十年　1160 年

春　　　　　阶,凤,成,西和州旱

秋　　　　　江浙郡国旱,浙东尤甚

孝宗隆兴元年　1163 年

不详　　　　两浙旱

不详　　　　江浙郡国旱,京西大旱

隆兴二年　1164 年

春　　　　　台州旱

至八月　　　兴化军,漳州,福州大旱,首种不入,自春至于八月

乾道三年　1167 年

不详　　　　四川旱

春至七月　　春,四川郡县旱,至于秋七月,绵、剑、汉州,石泉军尤甚

乾道四年　1168 年

六月　　　　旱,帝将撤盖亲祷于太乙宫而雨。时襄阳隆兴建宁亦旱

乾道五年　1169 年

夏秋　　　淮东旱,盱眙、淮阴为甚

乾道六年　1170 年

夏　　　　浙东、福建路旱,温、台、福、漳、建为甚

乾道七年　1171 年

不详　　　湖南,江东西路旱

春　　　　江西东湖南北,淮南、浙、鸳、秀州皆旱

夏秋　　　江、洪、筠、潭、饶州,南康、兴国、临江军旱尤甚,首种不入

冬　　　　行都不雨

乾道八年　1172 年

不详　　　隆兴府,江筠州,临江兴国军大旱

乾道九年　1173 年

不详　　　浙东江东西湖北旱

不详　　　鸳、处、温、台、吉、赣州、临江、南安诸军、江陵府皆久旱,无麦苗

淳熙元年　1174 年

不详　　　浙东、湖南郡国旱,台、处、郴、桂为甚。蜀关外四州旱。

1174 年淳熙二年

秋　　　　江、淮、浙皆旱,绍兴、镇江、宁国、建康府、常、和、滁、真、扬州、
　　　　　盱眙、广德军为甚。

淳熙三年　1176 年

不详　　　京西湖北诸州,兴元府,金、洋州旱

夏　　　　常、昭、复、随、郢、金洋州,江陵德安兴化府,荆门汉阳军皆旱。

淳熙四年　1177 年

春　　　　襄阳府旱,首种不入

淳熙五年　1178 年

不详　　　常、绵州、镇江府及淮南、江东西郡国旱,有事于山川群望

淳熙六年　1179 年

不详　　　和州旱

不详　　　衡、永、楚州、高邮军旱

淳熙七年　1180 年

春至九月　湖南春旱,诸道自四月不雨,行都自七月不雨,皆至于九月。绍
　　　　　兴、隆兴、建康、江陵府、台、鄂、常、润、江、筠、抚、吉、饶、信、徽、
　　　　　池、舒、黄和、浔、衡、永州、兴国、临江、南康、无为军皆大旱,江、
　　　　　筠、徽、婺州、广德军、无锡县尤甚,祷雨于天地、宗庙、社稷、山
　　　　　川群望

十一月　　南康军旱

不详　　　江浙、淮西、湖北旱

淳熙八年　1181 年

正月　　　行都甲戌积旱始雨

七月至　　临安、建康、江陵、德安府、越、鄂、衢、严、湖、常、饶、信、徽、楚、
十一月　　鄂、复、昌州、江阴、南康、广德、兴国、汉阳、信阳、荆门、长宁军
　　　　　及京西、淮郡皆旱

淳熙九年　1182 年

五月至七月　行都、江陵、德安、襄阳府、润、鄂、温、处、洪、吉、抚、筠、袁、潭、
　　　　　鄂、复、恭、合、昌、普、资、渠、利、阆、忠、涪陵、万州、临江、建昌、
　　　　　汉阳、荆门、信阳、南平、广安、梁山军、江山、定海象山上虞嵊县

皆旱

淳熙十年　1183 年

不详　　　京西、金、澧州、南平、荆门、兴国、广德军、江陵、建康、镇江、绍
　　　　　兴、宁国府旱

六月　　　行都、江淮、建康府、和州、兴国军、恭、涪、泸、合、金州、南平军旱

淳熙十一年　1184 年

不详　　　福建广东,吉、赣州建昌军兴元府金洋西和州旱

四月　　　不雨,至于八月,兴元府、吉、赣、福、泉、汀、漳、潮、梅、循、邕、
　　　　　宾、象、金、洋、西和州、建昌军皆旱,兴元、吉尤甚

冬　　　　行都不雨,至于明年二月

淳熙十三年　1186 年

不详　　　江西诸州旱

淳熙十四年　1187 年

不详　　　两浙江西淮西福建旱

五月　　　行都旱

七月　　　乙酉,大于圜丘,望于北郊,有事于岳渎海凡山川之神。时临
　　　　　安、镇江、绍兴、隆兴府、严、常、湖、秀、衢、婺、处、明、台、饶、信、
　　　　　江、吉、抚、筠、袁州、临江、兴国、建昌军皆旱,越、婺、台、处、江
　　　　　州、兴国军尤甚,至于九月,乃雨

淳熙十五年　1188 年

不详　　　舒州旱

光宗绍熙元年　1190 年

不详　　　重庆府、池州旱

绍熙二年　1191 年

五月	真、扬、通、泰、楚、滁、和、普、隆、涪、渝、遂、高邮、盱眙军、富顺监皆旱，简、资、荣州大旱
十二月	资、简、普、荣四州及富顺监旱
不详	阶、成、西和、凤四州及淮东旱

绍熙三年　1192 年

夏	郢、扬、和州大旱
秋	简、资、普、荣、叙、隆、富顺监亦大旱

绍熙四年　1193 年

不详	绵州大旱，亡麦。简、资、普、渠、合州、广安军旱
六月	江浙自六月不雨，至于八月，镇江府、江陵府、鹜、台、信州、江西、淮东旱

绍熙五年　1194 年

春	浙东西自去冬不雨，至于夏秋，镇江府、常、秀州、江阴军大旱，庐、和、濠、楚州为甚，江西七郡亦旱

宁宗庆元二年　1196 年

五月	行都不雨

庆元三年　1197 年

不详	潼、利、夔路十五郡旱
四月至于九月	金、蓬、普州大旱

庆元六年　1200 年

不详	建康府，常、润、扬、楚、通、泰、和七州，江阴军旱
四月	行都旱

五月　　　　辛未,祷于郊邱、宗社。镇江府、常州大旱,水竭,淮郡自春无雨,首种不入,及京、襄皆旱

嘉泰元年　1201 年

不详　　　　浙西、江东、两淮、和州路旱

五月　　　　旱。丙辰,祷于郊邱、宗社。戊辰,大雩于圜丘。浙西郡县及蜀十五郡皆大旱

嘉泰二年　1202 年

不详　　　　邵州旱

春　　　　　春旱,至于夏秋。七月庚午,大雩于圜丘,祈于宗社。浙西、湖南、江东旱,镇江、建康府、常、秀、潭、永州为甚

嘉泰四年　1204 年

五月　　　　五月,不雨,至于七月。浙东西、江西郡国旱

开禧元年　1205 年

不详　　　　江浙、福建二广诸州旱

夏　　　　　浙东西不雨百余日,衢、鹜、严、越、鼎、忠、涪州大旱

开禧二年　1206 年

不详　　　　南康军、江西、湖南北郡县旱

开禧三年　1207 年

不详　　　　浙西旱

行都　　　　行都不雨

嘉定元年　1208 年

夏　　　　　旱,闰月辛卯,祷于郊丘、宗社

嘉定二年　1209 年

不详　　　诸路旱

四月　　　行都旱，首种不入，庚申，祷于郊丘、宗社

六月　　　乙酉，又祷，至于七月乃雨。浙西大旱，常、润为甚。淮东西，江
　　　　　东、湖北皆旱

嘉定四年　1211 年

不详　　　资普昌合州旱

嘉定六年　1213 年

五月　　　不雨，至于七月，江陵、德安、汉阳军旱

嘉定八年　1215 年

不详　　　两浙、江东西路旱

春　　　　旱，首种不入

五月　　　庚申，大雩于圜丘，有事于岳渎海、至于八月乃雨。江浙淮闽皆
　　　　　旱，建康、宁国府、衢、婺、温、台、明、徽、池、真、太平州、广德兴
　　　　　国南康盱眙安丰军为甚，行都百泉皆竭，淮甸亦然

嘉定十年　1217 年

七月　　　不雨，帝日午曝立，祷于宫中

嘉定十一年　1218 年

秋　　　　不雨，至于冬，淮郡及镇江、建宁府、常州、江阴、广德军旱

嘉定十四年　1221 年

不详　　　浙东、江西、福建诸路旱

不详　　　浙、闽、广、江西旱，明、台、衢、婺、温、福、赣、吉州、建昌军为甚

嘉定十五年　1222 年

五月　　　　　行都不雨,岳州旱

理宗嘉熙元年　1237 年

夏　　　　　　建康府旱

嘉熙三年　1239 年

不详　　　　　行都旱

嘉熙四年 1240 年

六月　　　　　江、浙、福建大旱

淳祐五年 1245 年

七月　　　　　葵巳朔,旱。辛丑,镇江、常州亢旱

淳祐七年 1247 年

不详　　　　　行都旱

淳祐十一年 1251 年

不详　　　　　闽、广及饶州旱

宝祐元年 1253 年

六月　　　　　江、湖、闽、广旱

度宗咸淳六年 1270 年

不详　　　　　江南大旱

咸淳十年　1274 年

不详　　　　　庐州旱,长乐、福清二县大旱

附录三　1073—1076 年北宋特大干旱及其社会应对

1073—1076 年北宋特大干旱是中国灾害史上的一次重大事件,灾害事件发生在熙丰变法的特殊历史时期,本文以史实为依据,梳理了这次特大旱灾的时空分布,分析了它对社会造成的危害,从皇帝的弭灾、灾荒的救助、赋税的减免、疾疫的防治、流民的安抚、水利的兴修、仓储的设置等方面探讨了北宋政府灾害应对这次特大干旱的具体措施及时局产生的影响。

北宋神宗统治时期,自 1073 年起发生了连续多年、跨季度、大范围的连续干旱,学者在研究统计近 1 000 年来特大干旱时,往往只提及熙宁七年的旱灾。但是这次特大干旱时空分布究竟如何?它给社会带来了怎样的危害和影响?政府又采用了那些灾害管理应对措施?这些措施的成效如何?对当时的时局产生了怎样的影响?这些问题迄今还缺乏系统的研究,本文拟在前人研究的基础上,对 1073—1076 年北宋特大干旱及其社会应对作一探讨。

一、特大干旱的时空分布

1073—1076 年发生的旱灾之所以被定性为特大旱灾,是从其持续的时间、波及的范围以及危害的程度三方面来判定。

熙宁六年江淮流域发生了较为严重的旱情,《宋史·五行志五》记载较为简略:"(熙宁)六年,淮南、江东、剑南、西川、润州饥。"①但据神宗本纪记载,是年五月戊午、七月己酉、九月戊辰,皇帝三次举行祷雨活动,应该是出现较为严重的旱情才会如此。长江中著名的白鹤梁题刻记载了当时干旱的后续的

---

① 〔元〕脱脱:《宋史》卷六十七。

影响："宋熙宁七年正月二十四日,水齐至此。韩寰等题记：广德年鱼去水四尺,今又过之。"虽然是熙宁七年正月出现的枯水的情形,这是因为白鹤梁地处剑南,应该是流域内出现了长期较为严重的干旱地表径流减少导致秋冬之季长江出现枯水水位。

而史料记载熙宁六年的干旱延续到了熙宁七年,《宋会要辑稿·瑞异》记载："熙宁七年二月十八日,京东、陕西诸路久旱。诏长吏祷雨。"①《宋史·五行志》记载："熙宁七年,自春及夏,河北、河东陕西京东西淮南诸路复旱,时新复兆河亦旱,羌户多殍死。"([1]卷66)《续资治通鉴》记载："四月,自去岁秋七月不雨,至于是月。"②这些史料正是连续严重旱情的真实记载。这种严重的旱情也蔓延到了东北亚广大地区《高丽史》记载："文宗二十八年(1074)四月戊辰朔,以旱徙市。"③《续资治通鉴》记载："五月,丙寅,辽主以久旱,命录囚。"([3]卷66)

熙宁八年旱情转移到了南方,《宋史》记载：淮南、两浙、江南、荆湖等路旱。([1]卷66)《续资治通鉴长编》记载："熙宁九年六月今淮甸、两浙、江东西、湖南北州县仍岁旱蝗"④单锷《吴中水利书》记载："熙宁八年岁大旱,锷观太湖水退数里,而其地皆有丘墓街井,枯木之根,在数里之间。信知昔为民田,今为湖也。以是推之,太湖宽广逾于昔时。"⑤从太湖水退数里的描述,吴越之地的旱情是非常严重。

熙宁九年,北方又发生了旱灾。《宋史》记载："八月,河北、京东、京西、河东、陕西等旱。"([1]卷66)这次干旱主要集中北方,面积不小,应该是特大干旱的尾声。

综合历史史料来看,这次特大干旱从1073年开始,1074年,1075年干旱程度非常之大,尾声延续到1076年。

二、干旱造成的社会影响

1. 饥馑

熙宁六年江南地区及西南地区发生了严重的旱情,造成农作物大量的减

---

① 〔清〕徐松：《宋会要辑稿·瑞异》。
② 〔清〕毕沅：《续资治通鉴》卷八十一。
③ 〔朝〕郑麟趾：《高丽史》卷五十四卷,《志八》。
④ 〔宋〕李焘：《续资治通鉴长编》卷二百七十六。
⑤ 〔宋〕单锷：《吴中水利书》卷一。

产或绝收。随着旱情加剧，饥荒的范围进一步扩大，《宋史》记载："新复兆河亦旱，羌户多殍死"。（[1]卷 66）特别是持续干旱之后，灾情极为严重，《续资治通鉴长编》记载："熙宁九年六月今淮甸、两浙、江东西、湖南北州县仍岁旱蝗，陂泽竭涸，野无青草，人户流散，穷荒极敝，事可忧痛。"（[5]卷 276）史料中所记载的河湖干涸，野无青草，人民流离失所，穷困潦倒的景象应该是当时真实灾情的具体写照。

2. 流民

宋熙宁七年久旱，百姓迁移逃窜，郑侠绘流民图以献。《宋史纪事本末》记载："初光州司法参军郑侠为安石所奖拔，感其知己，思欲尽忠。及满秩入京，安石问以所闻，侠曰：青苗、免役、保甲、市易数事与边鄙用兵，在侠心不能无区区也。安石不答。至是，侠监安上门，会岁饥，征敛苛急，东北流民每风沙霾噎扶携塞道，羸疾愁苦身无完衣，或茹木实草根，至身披锁械而负瓦揭木卖以偿官，累累不绝，乃绘所见为图。及疏言时政之失，诣合门，不纳。遂假称密急，发马递上之，其略曰：'陛下南征北伐，皆以胜捷之势。作图来上并无一人以天下忧苦、父母妻子不相保、迁移困顿、遑遑不给之状为图而献者。臣谨按安上门逐日所见，绘成一图，百不及一，但经圣览，亦可流涕，况于千万里之外哉。陛下观臣之图，行臣之言，十日不雨，即乞斩臣宣德门外，以正欺君之罪。'"①

从史料看熙宁七年大旱造成了非常严重的后果，再加上王安石推行的新政推行中出现了很大问题，一些地方官征敛苛急，加剧了灾情。很多百姓离乡背井开始逃亡，京师出现了大量的躲避饥荒的流民，郑侠当时正监安上门，亲眼目睹了流民的惨状，并绘成图。正常的奏报渠道行不通，就假称是秘急情报，用马递的形式奏报到了神宗皇帝那里。郑侠认为京都的情况尚且如此惨不忍睹，边远地区的灾民的惨状可想而知。

3. 蝗灾

蝗灾往往是与干旱相伴生的灾害，长时间大面积的干旱也带来了比较严重的蝗灾。据《宋史》记载："五年河北大蝗，六年四月河北诸路蝗，是岁江宁

---

① 〔明〕冯琦编、陈邦瞻增辑：《宋史记事本末》卷八。

府飞蝗自江北来。七年夏,开封府界及河北路蝗,七月咸平县鹳谷食蝗。八年八月,淮西蝗、陈颍州蔽野,九年夏,开封府畿京东、河北、陕西蝗。"([1]卷62)从史料可以看出不仅河北、陕西、京都附近出现了较为严重的蝗虫灾害,长江流域的江宁府也遭受了比较严重的蝗灾。蝗灾发生的时间也很好地对应了旱灾发生的时间及大致范围。

4. 疾疫

疾疫也是与干旱相伴生的灾害。熙宁年间干旱发生之后,一些地区也出现了比较严重的疫情。如《续资治通鉴长编》记载:"熙宁七年八月,诏成都府、利州路转运等司赈济饥疫,具次第以闻"。([5]卷255)《事实类苑》记载:"熙宁八年,南方大疫,吴越尤甚,两浙无贫富皆病,死者十有五六。"①又《宋名臣奏议》等文献记载:"浙西大旱,饥馑,疾疫,死者五十余万人。"②《浙江通志》记载:"杭州饥疫,人死大半。"③《富阳县志》记载:"富阳县夏四月,大疫。"④《会稽县志》记载:"会稽县旱,饥,民疫。"⑤《元丰类稿》记载:"熙宁九年春,越州大饥疫,死者殆半。"⑥从史料看,熙宁七年、熙宁八年和熙宁九年受灾地区都出现了较为严重的疫情,很多人因此而丧生。

三、特大干旱的政府应对

1. 弭灾的具体措施

所谓弭灾是指灾害发生后,在"君权神授"及"灾害天谴论"等传统思想支配下,代表"上天"统治人民的皇帝通过引咎自责,采取一些措施,以回应天谴,希望以此来求得上苍的原谅,消弭灾害。《救荒活民书》的作者董煟曾概括了君主通常采取的弭灾措施:"人主救荒所当行一曰恐惧修省;二曰减膳彻乐;三曰降诏求直言;四曰遣使廪;五曰省奏章而从谏净;六曰散积藏以厚黎元"⑦。

---

① 〔宋〕江少虞:《事实类苑》卷四十六。沈括:《梦溪笔谈》卷二十。乾隆:《浙江通志》卷二百七十九。
② 〔宋〕赵汝愚:《宋名臣奏议》卷一百零六。苏轼:《上哲宗乞预备来年救饥之术》。
③ 乾隆:《浙江通志》卷二百六十,《艺文二》。苏轼:《奏浙西灾伤状》。
④ 康熙:《富阳县志》卷一,《祥异》。
⑤ 道光:《会稽县志稿》卷九,《灾异志》。
⑥ 〔宋〕曾巩:《元丰类稿》卷十九,《越州赵公救灾记》。
⑦ 〔宋〕董煟:《救荒活民书》卷一。

（1）下罪己诏。面对严重的旱情，神宗皇帝首先带头自省，《宋大诏令集》记载："旱灾，避殿损膳，宰臣等上表请复，不允。批答熙宁七年三月辛亥：朕德弗格，无以媚于上下神祇。天降之灾，旱虐为甚。历日弥久，害及嘉生。故自贬损，冀欲销去，而精诚不至，报应未蒙。侧身以思，深用震悼。而卿等反以敌使之来、诞辰之庆宜复常膳，何其遽也。"①从史料看，因为发生了严重的旱灾，皇帝采取了避殿损膳的措施，以答天谴。可是皇帝的这些措施，似乎并没能感动上苍，旱情依旧，皇帝认为自己的诚意还不够，未能感动上苍，使灾情缓解。大臣劝自己恢复常膳，操之过急，是不妥的。这虽然是神宗皇帝做出的一种姿态，但确实是反映了当时旱情非常严重。

（2）下诏求直言。灾害发生后，皇帝也往往会借助检讨自己的机会，征求人们对朝政得失的意见，以求改过自新。往往就会有大臣出来借机臧否时政。《宋大诏令集》记载了神宗皇帝旱灾求言诏："朕涉道日浅，晻于致治，政失厥中，以干阴阳之和。乃自冬迄春，旱暵为虐。四海之内，被灾者广。间诏有司，损常膳、避正殿，冀以塞变，历日滋久。未蒙休应。嗷嗷下民，大命失恃。中夜以兴，震悸靡宁。永惟其咎，未知攸出。意者，朕之听纳不得于理欤？狱讼非其情欤？赋敛失其节欤？忠谋谠言郁于上闻而阿谀壅蔽以成其私者众欤？何嘉气之久不效也？应中外文武臣僚，并许实封直言朝政阙失，朕将亲览，考求其当，以辅政理。三事大夫，其务悉心交儆，成朕志焉。"（[15] 卷 154）从史料可以看出，面对严重的旱情，皇帝已经采取了损常膳、避正殿等措施，但未能感动上苍，旱情依旧。于是皇帝自己检讨：是自己听谏、纳言不合理吗？刑狱诉讼不合情合理吗？税赋征敛不合时宜吗？还是忠臣正直的言论受到阻碍不能让皇帝获悉而通过阿谀奉承的话语获得私利的人太多的缘故？因此朝廷下令：中外臣僚都可以直言朝政做的不当之处，皇帝将亲自批阅奏章，以期获得正当的措施。

这次旱情发生在熙丰改革的特殊时期，尽管神宗皇帝和王安石意志坚定地推行改革，但因新法实施过程中，确实产生了很多新问题，又加上严重的旱情，加剧了社会矛盾。诏令下发之后，就不断有大臣向皇帝反映情况，神宗皇

---

① 《宋大诏令集》卷一百五十四，《政事七》。

帝于是对刚刚推行的新法产生了动摇。《续资治通鉴长编》记载："上以久旱,忧见容色,每辅臣进见,未尝不叹息恳恻,欲尽罢保甲方田等事。王安石曰:'水旱常数,尧汤所不免。陛下即位以来,累年丰稔,今旱暵虽逢,但当益修人事以应,天灾不足贻圣虑耳。'上曰:此岂细事?朕今所以恐惧如此者,正为人事有所未修也,于是中书条奏请蠲减赈邺。"([5]卷252)从史料看,王安石虽然极力宽慰皇帝"天灾不足贻圣虑",但皇帝仍然忧心忡忡,对王安石说:"我所担心的正是人事做得不好!"后来就连太皇太后和皇太后都出来对皇帝控诉王安石,说他变法导致天下大乱。《续资治通鉴长编》记载:"安石益自任,时论卒不与,他日太皇太后及皇太后又流涕为上言新法之不便者,且曰:'王安石变乱天下!'上流涕退,命安石议裁损之,安石重为解,乃已。会久旱,百姓流离,上忧见颜色,每辅臣进对嗟叹恳恻,益疑新法不便,欲罢之,安石不悦,屡求去,上不许。而吕惠卿又使其党日诣阁函假名投书,乞留安石坚守新法。"([5]卷252)从史料可以看出,神宗皇帝极为矛盾,一方面各方面关于变法的负面消息不断传到他耳中,遂对新法产生了疑虑,另一方面又非常想和王安石继续推动改革,这种犹豫不决,让王安石进退维谷,也非常不愉快,多次提出退位的要求,神宗皇帝都没有批准。最终王安石不得不退位,让位于吕惠卿。

(3)祈雨。旱灾发生时,皇帝往往通过祈雨方式,希望感动上天,及时行雨来解除灾害。如前所属特大干旱从熙宁六年就开始,朝廷的祈雨活动也一直没有停止。《续资治通鉴长编》记载:熙宁六年七月庚申,分命辅臣祈雨于郊庙社稷。熙宁六年九月,戊戌分命辅臣祈雨。([5]卷247)熙宁七年二月丙戌,以河北京东陕西久旱,诏转运司各遣长吏祈雨。又诏永兴军等路转运司体量本路灾伤,具赈恤事状以闻。己丑分命辅臣祈雨。([5]卷250)熙宁七年三月庚子分命辅臣祈雨。([5]卷247)([5]卷251)五月甲子分,命辅臣祈雨。六月壬午分,命辅臣祈雨。([5]卷253)癸卯上批陕西路亢旱秋种未入令转运司访名山灵祠祈。七月壬子分,命辅臣祈雨。癸亥分,命辅臣祈雨于郊庙社稷。([5]卷250)从史料看,熙宁七年的旱情最为严重,从二月到七月多次下诏求雨。这确实是春夏连旱的真实写照。

当然祈雨究竟有何效果,皇帝和大臣都心知肚明。虽然可以认真求天命,但更重要的是要尽人事。《能改斋漫录》记载:"吴有方奏神宗宜检视政事,熙宁七年旱,神宗遣御乐吴有方诣集禧观设醮,且谕:以久旱斋心致祷,庶有感应,汝宜前期检视醮科。有方奏曰:臣固当检视醮科,陛下亦宜检视政事。帝不悦。翌日,帝笑曰:吾昨夜三复汝言,甚当,足见汝之用心,吾已修政事答天戒,汝更宜为吾严设。有方再拜,往庀事焉。"①

2. 救治的具体措施

(1)灾荒的救治。灾害发生之后,朝廷采取了一系列的措施进行救治。如对相伴发生的蝗灾政府制定奖励政策,号召地方民众积极参与扑打。《续资治通鉴长编》记载:"七年二月末诏:有蝗处委县令佐亲部夫打扑,如地里广阔分差通判职官监司提举,仍募人得蝻五升或蝗一斗给细色谷一升。蝗种一升给麄色谷二升,给价钱者依中等实直,仍委官视烧瘗监司差官覆案以闻。即因穿掘打扑损苗种者除其税仍计价,官给地主钱谷毋过一顷。"([5]卷 267)这些奖励措施针对具体情况,非常具体,有利于鼓励灾区民众积极应对灾害。

针对灾荒,朝廷还制定了系统的应对措施,《续资治通鉴长编》记载:"熙宁七年夏四月己巳,中书言:在京免行钱,欲令元详定官于贫下行人名下特减万缗,仍免在京市例钱二十以下者,开封府界并诸路今年旱灾约及五分处,欠负官物元非侵盗并权停催理,灾伤州县未决刑狱委监司选官结,绝杖以下情轻听赎,贫乏者释之,劝诱积蓄之家赊贷钱谷虽有利息,丰熟日官为受理,其流民所至,检计合兴工役给与钱粮兴修,如老小疾病即依乞丐人例其在京诸门减定税额内,小民贩易竹木芦蘋羊毛之类税钱不满三十者权免,从之。"([5]卷 252)从史料看这些措施从税赋的减免、刑狱的决断、流民的安置,都表现出当时政府已经有较为完善的应对管理措施。

地方官员对蝗灾的应对有时存在应付心理,苏轼诗文中曾对此情况有所披露,熙宁七年他写的《捕蝗至浮云岭山行疲苶有怀子由弟》二首诗之一记载了这种情形:"西来烟障塞空虚,洒遍秋田雨不如。新法清平那有此,老身穷苦自招渠。无人可诉乌衔肉,忆弟难凭犬附书。自笑迂疏皆此类,区区犹欲理蝗余。"苏轼这年十一月到密州任,《上韩丞相论灾伤书》追叙这段情况说:"轼近在钱塘,

① 〔宋〕吴曾:《能改斋漫录》卷十三。

见飞蝗自西北来,声乱浙江之涛,上翳日月,下掩草木,遇其所落,弥望萧然。"①
从苏轼的描述中可见蝗灾还是非常严重的,遮天蔽日,所过之处,草木尽毁。民
众也进行积极扑杀,但有些官员为了讨好朝廷竟然谎报没有灾情,甚至说蝗虫
能为民除草。《上韩丞相论灾伤书》记载:"自入境,见民以篝蔓裹蝗而瘗之道左,
累累相望者二百余里。捕杀之数,闻于官者凡三万斛。然吏言蝗不为灾,甚者
或言为民除草。使蝗虫为民除草,民将祝而来之,岂忍杀乎?"([17]卷 29)这就
是为何苏轼在诗中感慨:"新法清平那有此,老身穷苦自招渠。"

　　因此,皇帝针对地方救治不力的情况加以申斥并督促处理,《续资治通鉴
长编》记载:"熙宁七年六月癸亥,分命辅臣祈雨于郊庙社稷。上批:闻河北路
有蝗害稼,而所在多以未至滋盛不即加意翦扑,具次第以闻。又批:访闻陈留
等县下户已是阙食,县官又不许百姓披诉,多行决罚,人情惶扰,极为可忧。
乃诏开封府界淮南路提点提举司遍检覆蝗旱灾伤甚者,具合赈恤事以闻,赐
米十五万石赈给河北西路灾伤。"([5]卷 254)《宋会要辑稿》记载:"熙宁八年
八月六日,上批:闻陈、颍州蝗蝻所在蔽野,初无官司督捕,致重复孳生。自飞
蝗已降,大小凡十余等,虽自此渐得雨泽,麦种亦未敢下。盖惧苗出即为所
食,根亦随坏。若至秋深,播种失时,则来岁夏田又无望矣。公私之间,实非
细故。其令京西北路监司、提举司严督官吏速去除之,仍具析不督捕因依以
闻。"([2]赈济)从史料看地方官对蝗灾应对不力,陈州、颍州离京都比较近,
皇帝比较容易获知信息,针对此种情况,皇帝明确指示,受灾地区的地方官必
须积极应对,不全力以赴应对的要奏报朝廷。

　　(2)赋役的减免。宋代灾情发生之后,政府往往会先核实具体的受灾情
况,然后再根据灾情采取具体的赈济措施,并逐渐形成了诉灾、检放、抄扎、赈
济的严密程序。

　　《宋会要辑稿》记载:"熙宁七年二月十九日,诏:河北、河东、陕(东)[西]、
京[东]、京西、淮南路转运司具辖下已得雨州军以闻。"([2]赈济)从史料看这
是灾害发生之后,为了掌握具体的灾情,皇帝下诏认真核查各地旱灾的具体
情形。有时因灾情严重,按照正常的检覆程序,会拖一段时间才能完成灾情

---

① 〔宋〕苏轼:《苏文忠公全集》卷二十九。

的核查,这样往往会耽误灾荒的救治,遇到这种特殊情况,政府也会采取应急措施省去检覆的程序,直接减免租税。如《宋会要辑稿》记载:"熙宁七年四月十五日,诏:河北路旱灾已及四月中旬,若使民投诉,差官检覆,然后蠲除,恐艰食之民有所不及。欲乞河北路其二麦不收者不俟差官检覆,悉免夏税。"([2]赈济)从史料看,这应该是地方官员认为大面积干旱,灾情非常严重,奏请皇帝不需要再检覆,应该直接免除夏季的税收。

　　熙宁特大干旱发生之时,正值神宗皇帝和王安石大力推广新法之时,其中与国家税收密切相关的就是青苗法。熙宁二年九月,制置三司条例司颁布青苗法,规定凡州县各等民户,在每年夏秋两收前,可到当地官府借贷现钱或粮谷,以补助耕作。借户贫富搭配,10 人为保,互相检查。这一做法本意虽好,但利息较重可达 40%,再加上地方执行过程中又往往层层加码,实际上民众并未得到多少好处,而这一做法又触动了地主的利益,因此争议颇大。韩琦曾批评说:"今放青苗钱,凡春贷十千,半年之内使令纳利二千,秋再放十千,至年终又令纳利二千,则是贷万钱不问远近之地,岁令出息四千也。"①司马光也认为这种改革措施存在严重问题:"窃惟朝廷从初散青苗钱之意,本以兼并之家放债取利,侵渔细民,故设此法,抑其豪夺,官借贷,薄收其利。今以一斗陈米散与饥民,却令纳小麦一斗八升七合五勺,或纳粟三斗,所取利约近一倍。向去物价转贵,则取利转多,虽兼并之家,乘此饥馑取民利息,亦不至如此之重。"②

　　严重灾害发生时,人民流离失所,青苗法实施的效果可以说更差。《续资治通鉴长编》记载:"熙宁八年十月,祠部郎中赵鼎言:京东自夏秋旱蝗相仍,民被灾流徙者十六七,虽检放租税而一县通较类不及五分,盖恐碍倚阁青苗本意,乞令本路体量蠲税,诏司农寺根究依法施行。"([5]卷 269)从史料可以看出,因为京东地区旱灾蝗灾叠加,发生了严重饥馑,祠部郎中赵鼎认为该区十之六七的人口流亡,尽管官府派出人力认真查核灾情,但税收完成的情况还是非常差的,如果再严格按照青苗法实施,就会违反青苗法实施其目的为

---

① 《全宋文》卷八百四十七,韩琦:《又论罢青苗疏》。
② 《司马光奏议》卷二十九,《奏为乞不将米折青苗钱状》。

了利民的本意,政府应该通过减免租税的办法去处理。朝廷接受了他的建议,让司农寺依照相关制度实施。

　　除了赋税之外,特大灾害发生之后,朝廷也会采取一些措施,减免役力。如《宋会要辑稿》记载:"九年二月五日,河北西路提刑司言:邢、怀州连年灾伤,若令应副十分春夫,必难胜任,欲乞特赐免放一半,从之。"([2]恤灾)从史料可以看出,河北西路提刑司上书朝廷:因本地区邢州、怀州连年灾荒,人户流失,如果像往年一样供役力,无法完成,祈求人数减免一半,这一要求得到采纳。

　　特大灾情,有时也会影响到兵役的征召,如《续资治通鉴长编》记载:"熙宁九年六月今淮甸、两浙、江东西、湖南北州县仍岁旱蝗,陂泽竭涸,野无青草,人户流散,穷荒极敝,事可忧痛。方当散利薄征,缓刑弛役,布德施惠,以抚存保,息而盗起南裔,王师大兴,正出荆潭之路,此时民力何以复堪赋发,臣愚以谓今兹上策当以谋取不可以力胜。"①当时,西南地区有乱,朝廷派兵平乱,过荆潭之路,就有大臣建议,连年的旱灾蝗灾,已经导致了非常严重的灾情,此时出兵,该地区无论从物力和人力上都无法承受,不如采取和平的办法去解决。以此可见,连年灾荒之后,当地的惨状。

　　(3)疾疫的防治。灾害发生时往往伴随着疫情的发生,为了防止灾民聚集区发生疫情,政府采取了一些疏导措施。《续资治通鉴长编》记载:"己卯诏:闻河东路赈济饥民多聚一处,太原府舍以空营约及万人,方春虑生疫疠,其令察访转运司谕州县据人所受粮计日并给,遣归本贯,即自它州县流至而未能自归者,分散处之以闻。"([5]卷261)从史料看河东路受赈济聚集的灾民较多,太原地区的有些地方甚至万人聚集,政府担心春天到了很容易滋生疫情,就令转运司督促地方政府通过补贴粮食的方式,引导灾民返回原籍,实在无法遣散的也要分散安置,以免大规模疫情蔓延。

　　熙宁九年旱灾之后,南方发生了较大的疫情,《唐宋八大家文钞》记载:"明年春,大疫。为病坊,处疾病之无归者,募僧二人属以视医药饮食,令无失

――――――――――――

　　① 〔宋〕李焘:《续资治通鉴长编》卷二百七十六。

所,时凡死者使在处随收瘗之。"①熙宁九年,(湖州)德清县大疫,有僧"收弃骸于道,加苇衣簟给,聚而焚者以数千计。"②金坛县大疫,死者数千人③。华亭县大饥疫,卫佐施粥给药,瘗殍给棺,无虑数万④。

从史料看南方的疫情还是非常严重的,熙宁九年赵抃知越州,当时大旱之后发生了大疫,赵抃采取的具体措施是建立专门治疗的病坊,安置那些因疾病无处容身的人,并专门派两名僧人负责提供医药饮食,以免他们无处容身。对病死的人,也有地方政府统一收殓安葬。德清、金坛、华亭等地也都有比较严重的疫情,从病死者数千、数万等描述来看,灾情非常严重。施粥给药、收殓安葬也是地方政府采取的措施。

(4)流民的安置。每当灾害发生时,就会有大批民众流离失所。如前所述,郑侠所上的流民图就颇能反映当时流民涌入京都的状况。针对此种状况,政府采取了给粮、募役兴工、分散安置等措施安抚流民。如《宋会要辑稿》记载:"熙宁六年十一月十五日,诏:德音:应灾伤阙食之民,除依条施行外,仍令所在安抚,提举常平仓司擘画,优功振救,无致流移失所。"([2]逃移)从史料可以看出,灾害发生时,朝廷首先命令地方官员就地安置,并动用国家仓储粮食提供支持,以免人们流离失所。对于流民的粮食补贴也有具体的标准,如《续资治通鉴长编》记载:"熙宁八年春正月,诏:方农作时雨雪颇足,流民所在令州县晓告丁壮各归乡土,并听结保,经所属给粮,每程人米豆共一升,幼者半之,妇人准此。州县毋辄驱逐。"([5]卷 259)当边境地区遇到灾荒时,积极救助安抚措施对于收揽民心尤为重要。《宋会要辑稿》记载:"熙宁八年正月二十一日,洮西沿边安抚司言:'去岁夏秋旱,羌户殍死者众。自收复洮河,羌人止知畏威,而未识朝廷之惠。今此饥歉,若官为糜粥,赈其饥急,计米一升,可给三人,则百硕当济三千人矣。自二月尽五月,给米千五百硕,费不多而惠极博。'上批一奏:'速令经略安抚司指挥相度,于蕃市聚集之地给散,如数少即量增之。'"([2]逃移)从史料看洮西沿边安抚司建议,边境战事

① 〔明〕茅坤:《唐宋八大家文钞》卷一百零四。
② 〔宋〕刘一止:《苕溪集》卷二十二,《湖州德清县城山妙香禅院记》。
③ 〔宋〕佚名:《京口耆旧传》卷六《陈亢》;乾隆:《江南通志》卷一百五十八,《人物志·陈亢》。
④ 乾隆:《江南通志》卷一百五十八,《人物志·卫佐》。

平息之后,当时民众只知道朝廷的威严,而未体会到朝廷的恩惠。现恰遇饥荒,如果此时给灾民提供救济,一升米通过施粥的方法可以供三人食用,则一百硕可以救济三千人。从二月至五月,一共耗费一千五百硕粮食,耗费不多而受惠之人众多。神宗皇帝对这一做法极为满意,并批示可以考虑扩大供给数量。

灾害发生时,京师作为较为有保障的地区,往往成为灾民流亡的目的地。即便灾区较为富裕尚能自保人户,也因为大部分客户流亡也被迫流亡。如《续资治通鉴长编》记载:"召辅臣观稻于后苑。上批:近河北镇赵、邢、洺、磁、相等流民过京师者甚有力及户,闻非因灾伤乏食就谷,止缘客户多已逃移,富者独不敢安处田里,不速禁止,边民流散于守御之计,极不便。可令澶州等处体量,如委是力及户即计口给一去路粮,约回本贯,仍丁宁晓告,用心安辑,如在村野难以独居处之人,多方开谕,暂迁就附近城郭安泊。"([5]卷256)从史料看,皇帝担心河北灾区大量人户流亡,导致边境空虚。督促地方政府,对那些有能力自保的政府提供回去的口粮,回到原来的住处。那些确实没有能力自保的人,可以在城郭附件安置。

由政府供给粮食,利用流民进行工程建设也是当时安抚流民的有效措施。如《续资治通鉴长编》记载:"又诏:荆南、岳、鄂、安、澧州第四等以下灾伤户今年夏料役钱听蠲减。又赐淮南东路转运司上供粮五万石,于灾伤州县募夫修工役。又诏:军士逃匿于熟户族帐捕获依常法自首者释罪。"([5]卷252)从史料看,针对淮南东路的灾情,政府提供五万石粮食,招募流民进行工程兴修,这种措施可以说一举两得,既就地安抚救济了流民又推动了国家工程建设。虽然政府积极推动这项举措,但并非所有的受灾地区都有工程可以兴修,如果没有目的和计划,往往会导致灾民聚集而无事可做。针对此种情况,朝廷命令司农寺查核各地的具体情况,究竟有没有合适的工程兴修,如果有合适的兴修工程,预计的工役人数具体是多少,以免导致灾民聚集而无事可做。《宋会要辑稿》记载:"七年五月六日年,中书门下言:户房申,访闻灾伤路分募人工役,多不预先将合用夫数告示预,以致饥民聚集,却无合兴工役。欲乞下司农寺,令逐路有合兴工役,并依所计工数晓示,逐旋入役,免致饥民过有聚集,以致失所,从之。"([2]恤灾)

如果政府仅按有无工役这种方法赈济,未兴工役的地方就会无法受惠。针对这种情况,政府也采取了区别对待的形式。《续资治通鉴长编》记载:"中书言:近诏京西转运等司募流民给钱粮减工料兴役,以为赈置,其老疾孤幼皆济以食。盖以民既因灾就熟,若于京师给食则远近辐辏转使流离奔散,因役募之两得其利。然窃恐工役不能处处皆有,或有而未应兴作以故未能周给,欲更下有司令未兴役州郡不以老少计口给食,从之。仍指挥其见留京师实贫乏者,令司农寺相度具如何赈济,使得至所欲往州军,不致久留京师。"([5]卷 253)从史料看,中书报告皇帝:京西转运司就地通过兴修工程的办法很好,这一措施通过就地安置,以防流民流离失所。如果要在京师救济,灾民就会蜂拥而至,则可能就会导致这种情况。如果政府再按这种方法赈济,未兴工役的地方就会无法受惠,政府也采取了区别对待的措施。这一建议得到了皇帝的采纳。不仅如此,对于已经流散到京师地区的灾民,朝廷还下令司农寺制定详细救济措施,并引导他们回到户籍所在地,以免长时间留在京城地区。

对于做得比较好的官吏,朝廷还采取奖励措施。《续资治通鉴长编》记载:"提举永兴军路常平等事章楶言鄜延路去年灾伤岁饥,知延州赵卨舍流民以空营募壮者筑浚城壕,自秋及春役二十二万九千八百余工,人不乏食而城池皆葺于旧,诏奖之。"([5]卷 28)从史料看知延州赵卨招募流民中的身强力壮之人,修筑城壕,既让灾民不致忍饥挨饿,又加固了城壕,因此得到朝廷的奖赏。

曾巩曾高度评价了,在熙宁灾害救治中表现非常突出的资政殿大学右谏议大夫越州赵抃,《元丰类稿》记载:"熙宁八年夏吴越大旱,九月资政殿大学士右谏议大夫知越州赵公,前民之未饥,为书问属县:灾所被者几? 乡民能自食者有几? 当廪于官者几人? 沟防构筑可僦民使治之者几? 所库钱仓粟可发者几何? 富人可募出粟者几家? 僧道士食之羡粟书于籍者其几? 具存,使各书以对,而谨其备。州县吏录民之孤老疾弱不能自食者二万一千九百余人以告,故事,岁廪穷人,当给粟三千石而止,公敛富人所输及僧道士食之羡者得粟四万八千余石佐其费,使自十月朔人受粟日一升,幼小半之。忧其众相蹂也,使受粟者男女异日,而人受二日之食。忧其且流亡也,于城市郊野为给粟之所,凡五十有七,使各以便受之,而告以去其家者勿给,计官为不足用也,取吏之不在职而寓于境者给其食,而任以事,不能自食者有是具也,能自食者为之,告富人无得闭粜,又为之出官粟得五万二千余石,平其价予民,为粜粟之所,凡十有八,使籴者自便。如受粟又僦民完城四千一百丈,为工三万八千计其佣与钱,又与粟再倍之,民取息钱者告富人纵予之,而待熟官为责其偿,弃男女者使人得收养之。"([13]卷19)从史料看,赵抃首先对越州的当地的灾情进行了认真查勘,能自保的人户数、必须救济的人户数、粮仓储备的具体钱粮数量、能够劝募富人数量、适合兴修的工程数量、所需要的工役数量等全部摸清了情况登记在册,统计共有二万一千九百余人需要救济,在灾害救治时按照以前的惯例,每年发放不能超过三万石,但赵抃通过征收富户人家上缴的粮米与和尚、道士的余粮,共得谷物四万八千多石,用来补充不够的救济粮。自十月初一开始,成人每天领救济粮一升,孩子每天领半升。为了预防领粮食的时候容易出现践踏的事情,他又规定给男女不同的领粮食的日子,每人一次可以领两天的口粮。因担心人户流亡,在城郊设置了五十七处发粮点,使他们就近领粮,并下通知说,凡是离开家的人都不给。又通过平抑粮价的形式,让利于民,通过征召流民修固城墙四千一百丈,共计工时三万八千个,还给这些雇工发工钱,并给他们两倍的粮食。老百姓中有愿意出利息借债的,官府就劝说富贵人家尽量把钱借出去,等到有了收成,官府会出面为债主讨回借款。遗弃孩子,也都由官府来收养。

(5)水利的兴修。熙宁特大干旱时期,适逢神宗皇帝与王安石推行农田水利法之际。兴修的很多工程也许农田水利相关,招募流民将救饥恤灾与农田水利建设相结合。如何利用灾荒赈济之际募役兴修水利,到熙宁年间政府已经有了具体的实施措施。如《宋会要辑稿》记载:"熙宁六年六月七日,中书门下言:检正刑房公事沈括状,乞今后灾伤年分,如大段饥歉更合赈救者,并须预具合修农田水利工役人夫数目,及召募每夫工直申奏,当议特赐常平仓斛钱,召募阙食人户,从下项约束兴修。如是灾伤本处不依条赈济,并委司农寺点检察举,从之。"([2]赈贷)沈括曾是王安石变法的积极响应者,从史料看沈括提出的灾荒时募役兴工,首先应评估适合兴修农田水利工程的工役数量,并常平仓钱粮提供支撑,然后招募那些没有粮食可吃的灾民,进行工程兴修。如果受灾地区不按照本条例赈济,司农寺要严加查核。这一建议得到了朝廷的采纳。而沈括本人也积极参与具体实践负责两浙水利兴修,史料记载:"常、润二州岁旱民饥,欲令本路计合修水利钱粮,募阙食人兴工"([5]卷247),这一奏请得到宋神宗批准。再如《续资治通鉴长编》记载:"庚戌,赐京东常平米五万石。以上批:闻京东徐、单、沂州、淮阳军比岁灾伤,虽今夏丰熟,百姓尚饥,可赐米万石,责监司以时募民修水利及完浚城堑,庶人不乏食故也。"([5]卷263)

(6)仓储的调配。宋太宗淳化三年(992),特大干旱之后,朝廷开始建置常平仓于京畿。到景德三年(1006)后,除沿边州郡外,全国先后都普遍设置了常平仓。其功用也由原来的平籴赈粜之用,逐渐扩展到赈贷、赈济等功能。各州按人口多少,量留上供钱一二万贯至二三千贯为籴本,每岁夏秋谷贱,增市价三五文收籴,遇谷贵则减价出粜所减不得低于本钱。若三年以上未经出粜,即回充粮廪,易以新粮。熙宁二年,推行青苗法,常平仓法遂为青苗法取代,其所积钱谷一千五百万贯石(包括广惠仓所积)亦充作青苗钱本,每岁夏秋未熟前贷放,收成后随两税偿还,出息各二分。七年,改为一半散钱取息,而一年只散青苗钱本一次,一半减价出粜。九年,各地常平钱物"见在"数增至三千七百三十九万余贯石匹两等。

常平仓在灾害救治中发挥了重要作用,《续资治通鉴长编》记载:"上批:闻都下米麦踊贵,可令司农寺发寄仓常平米不计元籴价,比在市见卖之直量减钱,出粜时米价斗钱百五十,已诏司农寺以常平米三十二万斛三司米百九十万斛平其价至斗百钱,至是又减十钱益置官场出粜,民甚便之。"([5]卷253)针对特别严重的灾区,政府还实行调配的方法,把京师存储的粮食调配到地方常平司进行赈济。"又诏:司农寺罢赊粜粳米,令三司尽数转输河北路常平司,以备赈济。庚戌赐京东常平米五万石。以上批:闻京东徐、单、沂州、淮阳军比岁灾伤,虽今夏丰熟,百姓尚饥,可赐米万石,责监司以时募民修水利及完浚城堑,庶人不乏食故也。"([5]卷253)

不仅京都可以向地方调配,《续资治通鉴长编》记载:"戊戌诏秦凤路转运判官刘定提举常平等事,章楶提举赈救饥民。初定言:泾原路民阙食,常平米不足,乞借省仓渭州二万石、泾州德顺军镇戎军万石,许之。至是,又诏定等提举。"([5]卷260)从史料看,泾原路的灾荒非常严重,当地的常平仓已经不能满足救灾的实际需求,请求朝廷允许借调邻近区域内渭州仓储粮食二万石及德顺镇戎军军粮万石用于救灾,这一请求得到了朝廷的批准。

宋人李心传曾言:"恤民赈灾,储蓄之政,莫如常平、义仓。"①《救荒活民书》的作者董煟在评价常平仓的功用时曾说:"昔苏轼所论救荒大计,全在广籴常平斛斗,若乘艰食之际,平准在市米价,则人皆受赐,亦可免流移之灾,此外更无长策。"([14]卷1)足见常平仓所发挥的作用非常之大。

1073—1076年北宋特大干旱是中国灾害史上的一次重大事件,灾害事件发生在熙丰变法的特殊历史时期,面对严重的灾情朝廷采取了弭灾、救荒的一系列措施,包括赋税的减免、疾疫的防治、流民的安抚、水利的兴修、仓储的调配等方面,大体而言这些措施对应对灾荒还是发挥了一定的积极作用,但恰逢改革之际,严重灾荒加上改革的一些措施在执行过程中遇到了严重的问题,加剧了社会的矛盾,迫使王安石下野,改革的成效大打折扣,可以说在一定程度上影响了改革的进程。

How the Government Dealt with the Drought from 1073 A. D. to 1076 A. D. in the Northern Song Dynasty

Abstract:

It is a serious disaster that the drought happened from 1073A. D. to 1076A. D. in the Northern Song Dynasty. Firstly, the paper gives a historical overview of the drought. Secondly, the paper focuses on how the drought impact on society. Thirdly, by analyzing the rescue of the famine, the taxes being reduced, the prevention from the epidemic, the refugee to be comforted, the water conservation to start construction, warehousing aspects and so on, the paper shows how the government dealt with the drought.

Keywords:

The Northern Song Dynasty, Drought, Society

---

① 〔宋〕李心传:《建炎以来系年要录》卷一百三十。

参 考 文 献

[1] 〔元〕脱脱：《宋史·五行四》卷六十六。

[2] 〔清〕徐松：《宋会要辑稿·瑞异》。

[3] 〔清〕毕沅：《续资治通鉴》卷八十一。

[4] 〔朝〕郑麟趾：《高丽史》卷五十四志八。

[5] 〔宋〕李焘：《续资治通鉴长编》卷二百七十六。

[6] 〔宋〕单锷：《吴中水利书》卷一。

[7] 〔明〕冯琦编、陈邦瞻增辑：《宋史记事本末》卷八。

[8] 〔宋〕江少虞：《事实类苑》卷四十六，沈括：《梦溪笔谈》卷二十，乾隆：《浙江通志》卷二百七十九。

[9] 〔宋〕赵汝愚：《宋名臣奏议》卷一百零六，苏轼：《上哲宗乞预备来年救饥之术》。

[10] 乾隆：《浙江通志》卷二百六十《艺文二》，苏轼：《奏浙西灾伤状》。

[11] 康熙：《富阳县志》卷一《祥异》。

[12] 道光：《会稽县志稿》卷九《灾异志》。

[13] 〔宋〕曾巩：《元丰类稿》卷一十九《越州赵公救灾记》。

[14] 〔宋〕董煟：《救荒活民书》卷一。

[15] 〔宋〕《宋大诏令集》卷第一百五十四政事七。

[16] 〔宋〕《能改斋漫录》卷一十三。

[17] 〔宋〕苏轼：《苏文忠公全集》卷二十九。

[18] 〔宋〕《全宋文》卷八百四十七，韩琦：《又论罢青苗疏》。

[19] 《司马光奏议》卷二十九《奏为乞不将米折青苗钱状》。

[20] 《唐宋八大家文钞》卷一百零四。

[21] 〔宋〕刘一止：《苕溪集》卷二十二《湖州德清县城山妙香禅院记》。

[22] 〔宋〕佚名：《京口耆旧传》卷六，《陈亢》；乾隆：《江南通志》卷一百五十八，《人物志·陈亢》。

[23] 乾隆：《江南通志》卷一百五十八，《人物志·卫佐》。

[24] 〔宋〕李心传：《建炎以来系年要录》卷一百三十。

附录四　宋代白鹤梁题刻枯水记录与干旱灾害关联性研究

　　白鹤梁题刻位于重庆市涪陵区城西长江中,东距乌江与长江交汇处一公里的天然石梁上。石梁仅在冬春之际偶尔露出水面,余皆隐没水下。相传,唐代白石渔人和尔朱仙于梁上修炼,后同乘白鹤飞升,白鹤梁因此得名。石梁中段水际,唐代刻有一对线雕鲤鱼。凡石鱼出水,其年即是丰年,远近引以为奇观,历代游客络绎不绝。不少游人留题纪胜,题刻沿石鱼上部向东西方向延伸。

　　作为国家一级文物保护单位,它的宝贵价值在于:一方面在5 000多平方米砂岩面上,现存题刻165幅,计3万多字,还有石鱼18尾,题刻人姓名全者500余人。题刻中,以宋代居多,次为元、明、清三代和近现代,堪称"水下碑林",具有非常重要历史文化价值;另一方面,梁上所刻石鱼提供了自唐代宗广德年间至今1 200多年以来长江72个枯水年份的(历年的最低水位)水文资料,相当于一座古代水文站,也具有非常重要科学研究价值。关于水文资料的价值,郑斯中、汪耀奉、何凤桐等人已经做过比较系统的分析和介绍,本文旨在从灾害学的视角探讨宋代干旱灾害与枯水记录的关联性问题。

一、白鹤梁题刻所记录枯水事件之分类、统计与关联旱灾分析

　　为全面探讨宋代白鹤梁题刻枯水记录与宋代干旱灾害的关联性关系,兹根据碑刻整理拓片和历史文献中的有关灾害,列表整理,并就其中灾害的类

型程度分类分别加以阐释。根据学者整理分类①,石鱼及题刻文字,在计量应用上可划分为以下三大类型。Ⅰ类:枯水水迹。Ⅱ类:以石鱼为水标定量题记,①型:石鱼水标以下;②型:石鱼水标以上。Ⅲ类:以石鱼为水标定性题记,①型:石鱼水标以下;②型:石鱼水标以上。其实,这种分类并不能完全反映宋代枯水题刻记录的全貌,为完整起见,本文把题刻文献中所有的记载都全部整理,以便较为全面地了解白鹤梁题刻枯水记录与宋代干旱灾害的关联性关系。

时　　间	题刻记载	正史文献记载
971 年 3 月 17 Ⅱ 类型　以四尺计	开宝四年岁次辛未二月辛卯朔十日丙。今又复见者,览此申报。	太祖开宝三年(970)陕西邠(bin)州夏旱 《宋史》卷六十六·五行四
1057 年 2 月 14 日　嘉祐二年正月八日谨识	游石鱼题名记:尚书虞曹员外郎知郡事武陶熙古,涪忠州巡检点殿值侍其权纯甫,郡从事傅颜布,圣嘉祐二年正月八日谨识。	辽中京蝗蝻为灾 《辽史·道宗纪》
1068 年　大宋熙宁元年正月二十日	二石鱼在江心石梁上	正月丁丑,以天旱减罪囚一等,杖以下释之. 壬辰幸寺观祈雨。 《宋史·神宗纪一》 正月十四日,诏以经冬无雪,令各述朕躬过失。 《宋会要辑稿瑞异》
1074 年 3 月 4 日 Ⅱ 类型　四尺以下	宋熙宁七年正月二十四日　水齐至此。韩寰等题记:广德年鱼去水四尺,今又过之	神宗熙宁七年(1074)河北　山西陕西　河南　诸路复旱 《宋史》卷六十六·五行四
1086 年 3 月 5 日 Ⅱ 类型　四尺以下	宋元元年丙寅二月七日吴缜题记:江水至此鱼下五尺	哲宗元祐元年　诸省　春旱 《宋史》卷六十六·五行四
1091 年　北宋元祐六年辛　望日	圣宋元祐六年辛　望日,闻江水既下,因率判官钱宗奇子美,涪陵县史诠默师,朱簿张微明仲,县尉蒲昌龄寿朋,至是观唐广德鱼刻,并大和题记,朝奉郎知军州事,杨嘉言令绪题。	二月辛丑以旱罢修黄河。 《宋史·哲宗纪一》 四月二十二日诏:冬雪不敷,春雨弗若。逮此孟夏,旱灾如焚。 《宋会要辑稿·瑞异》 冬无冰雪, 《宋史·五行志二上》

---

①　汪耀奉:《长江涪陵白鹤梁历史枯水题刻研究应用》,载《水文》1999 年第 2 期,第 38-42 页。

（续表）

时　　间	题刻记载	正史文献记载
1093 年	元祐癸酉正月中浣前一日，郡守姚珸率幕宾钱宗奇，涪陵令杜致明，主簿张微，县卫蒲昌龄，武陇 xx 天倪游览，因记岁月，巡检王恩继至	元祐七年十二月庚午祈雪《宋史·哲宗纪一》
1100 年　元符庚辰		寿隆末，知易州，兼西南安抚使，时大旱，百姓忧甚。《辽史·萧文传》
1102 年　北宋崇宁元年	太守杨公留题：邀客西津上，观鱼出水初。	是岁，江浙熙河、漳、泉、谭、衡、郴州、兴化军旱。《宋史·徽宗纪一》
1108 年 2 月 9 日 II 类型	宋大观元年正月壬辰庞恭孙等题记：水去鱼下七尺	徽宗大观元年（1107）秦凤（甘肃东部旱）《宋史·徽宗纪二》
1112 年　北宋政和壬辰	北宋政和壬辰孟春正月二十三日，同观石鱼	四月以淮南旱，降囚罪一等，徒以下释之。《宋史·徽宗纪二》
1123 年 1 月 9 日 III 类型	今岁鱼石呈祥，得以见丰年。时宣和四年（1122）十二月十。朝散大夫通判军州事彦等	徽宗宣和五年（1123）秦、凤（甘肃东部）旱
1125 年　北宋宣和乙巳年	北宋宣和乙巳年正月八日	
1132 年　绍兴壬子正月三日	绍兴壬子正月三日、四日（1132 年 1 月 22 日）	
1132 年　十二月望	南宋绍兴二年十二月望（1133 年 1 月 22）	八月十一日诏：福建路亢旱，米价昂贵。《宋会要辑稿·食货》五十七常州大旱，郴、道、桂阳旱饥，徽言请于朝，不待报，即谕漕臣发衡永米以赈。《宋史·薛徽言传》
1135 年　绍兴乙卯正月 19 日同观石鱼	绍兴乙卯正月十九日同观石鱼	四川郡国旱甚《宋史》卷六十六·五行四
1138 年 2 月 II 类型	宋绍兴丁巳十二月中休日	高宗绍兴七年（1137）旱七十余日江南尤甚《宋史》卷六十六·五行四

（续表）

时　　间	题刻记载	正史文献记载
1140 年　绍兴庚申岁二月丙午	1140 年绍兴庚申岁 正月二十日 正月廿三日 仲春十有二日 绍兴庚申岁二月丙午 庚申岁二月癸丑	1139 年旱六十余日,有事于山川。 《宋史》卷六十六·五行四
1144 年　绍兴甲子正月四日(1144 年 2 月 9 日)	绍兴甲子正月四日 甲子春正月晦日	夏国岁大饥,乃立井里以分赈之。 《宋史·夏国传》
1148 年　绍兴十八年仲春望日	绍兴十八年仲春望日	浙东西绍兴府大旱 《宋史》卷六十六·五行四
1155 年　绍兴乙亥戊寅丙辰	绍兴乙亥戊寅丙辰	京兆府凤翔、同华大旱,浙东西旱。 《宋史》卷六十六·五行四
1157 年　绍兴丁丑元宵后五日	绍兴丁丑元宵后五日	六月二十日,三省言初伏遣医官给散夏药,上宣谕曰:"比闻民间春夏间,多是热疾。" 《宋会要辑稿·食货六十八》 夏行都又疫,高宗出柴胡制药,活者甚众。 《宋史·五行志一下》
1167 年　III 类型	南宋孝宗乾道丁亥(1167),赵彦球等六人题记。现石鱼不出,十有八年矣。鱼复出。	四川郡县　绵、剑、汉州、石泉春旱至于七月 《宋史》卷六十六·五行四
1178 年 2 月 2 日 II 类型	淳熙五年正月三日刘师文相约同口卿、贾清卿来观时水落鱼下三尺,邦人舟楫往来,赏玩不绝。	常绵州　镇江府旱 《宋史》卷六十六·五行四
1179 年　南宋淳熙乙亥年	今春出水几四尺	和州,衡永楚州、高邮军旱 《宋史》卷六十六·五行四
1198 年　III 类型	南宋宁宗庆元戊午(1198),徐嘉言等九人题记,徐书写。庆元戊午中和节(二月二日),既有验于石可以卜今岁之稔,无疑也。	1197 年金蓬普州(陕西安康、四川仪陇东南、四川安岳,自四月至九月大旱 《宋史》卷六十六·五行四
1202 年　南宋嘉泰壬戌年	南宋嘉泰壬戌年 石鱼两载皆见之,壬戌仲春	邵州、行都、浙西、湖南、江东、镇江、建康府、常、秀、潭、永州 《宋史·宁宗纪二》 《宋史》卷六十六·五行四

（续表）

时　间	题刻记载	正史文献记载
1208 年　嘉定元年	嘉定元年戊辰上元	夏秋久旱、冬少雪（1207）《宋史·五行志一》
1226 年　南宋宝庆丙戌年	南宋宝庆丙戌年穀日　涪陵石鱼出水面六尺	（1225）五月丁丑，以旱责己。《金史·哀宗纪》
1230 年　南宋绍定三年	庚寅上元后一日来观鱼	1229 年五月诏成都、潼川路岁旱，民歉《宋史·理宗纪一》
1244 年　南宋淳祐四年	癸卯甲辰，鱼者再出，腊月廿四日也	四月乙未祈雨，七月乙亥朔祈雨《宋史·理宗纪三》
1248 年　南宋淳祐戊申	南宋淳祐戊申　正月石鱼呈祥	1247，三月庚午，祈雨，六月丙申以旱避殿减膳，戊申，诏：旱涝未释，两淮襄蜀及江闽内地，遗骸暴露，感伤和气，所属有司收之。《宋史·理宗纪三》大旱（杭州西湖）水涸，有旨令临安府开浚四至，并依古岸，不许存留菱荷茭荡，有妨水利。《淳祐临安志》卷十，山川
1250 年　南宋淳祐庚戌年	南宋淳祐庚戌年　正月八日	三月癸酉朔，以衢信州旱《宋史·理宗纪三》
1254 年　南宋宝祐二年	南宋宝祐二年　腊月立春后一日双鱼已现，正月乙巳	1253 年六月　江湖闽广旱《宋史·理宗纪三》
1258 年　南宋宝祐戊午年	南宋宝祐戊午年，正月戊寅	1257 年三月辛亥朔，祈雨。四月庚辰朔祈雨，自冬及春，天久不雨。《宋史·理宗纪三四》

　　根据题刻文献记载，有宋一代，记载石鱼出水的题刻共有 35 条，其中以石鱼为水标定量题记和定性题记共有 9 条，这些记录，往往是当时旱情的真实写照，如宋熙宁七年，记载："正月二十四日，水齐至此，韩寰等题记：广德年鱼去水四尺，今又过之。"这里明确指出石鱼离水面超过四尺以上，而当时正是全国性的旱灾发生。《宋史·五行志五》记载较为简略："（熙宁）六年，淮南、江东、剑南、西川、润州饥。"[①]但据《宋史·神宗本纪》记载，是年五月戊午、七月

---

　　① 〔元〕脱脱：《宋史》卷六十七，《志第二十·五行五》。

己酉、九月戊辰,皇帝三次举行祷雨活动,应该是出现较为严重的旱情才会如此。长江中著名的白鹤梁题刻记载了当时干旱的后续的影响:"宋熙宁七年正月二十四日,水齐至此,韩寰等题记:广德年鱼去水四尺,今又过之。"虽然是熙宁七年正月出现的枯水的情形,这是因为白鹤梁地处剑南,应该是流域内出现了长期较为严重的干旱地表径流减少导致秋冬之季长江出现枯水水位。

而史料记载熙宁六年的干旱延续到了熙宁七年,《宋会要辑稿·瑞异》记载:"熙宁七年二月十八日京东陕西诸路久旱,诏长吏祷雨。"①《宋史·五行志》记载:"自春及夏,河北、河东、陕西、京东西、淮南诸路复旱。时新复兆河亦旱,羌户多殍死。"②《续资治通鉴》记载:"四月,自去岁秋七月不雨,至于是月。"这些史料正是连续严重旱情的真实记载。这种严重的旱情也蔓延到了东北亚广大地区《高丽史》记载:"文宗二十八年(1074)四月戊辰朔,以旱徙市。"③《续资治通鉴》记载:"五月,丙寅,辽主以久旱,命录囚。"④

有些题刻记录尽管没有明确记载石鱼出水的具体尺寸,但结合相关的史料不仅能够确定为枯水水位记录,也能推测出当时干旱程度,因此在使用时应该加以仔细甄别而不致遗漏。如嘉泰二年(1202)题刻记载:"南宋嘉泰壬戌年,石鱼两载皆见之,壬戌仲春"。根据史料分析嘉泰元年(1201)石鱼也露出水面。应该也是枯水水位记录,因为是春季出现,而此前长江上游应有旱情发生。稽考史料,《宋史·五行志四》记载:"宁宗庆元六年(1200)五月,祷于郊丘、宗社。镇江府、常州大旱,水竭。淮郡自春无雨,首种不入,及京、襄皆旱。"⑤《宋史·五行志四》记载:"冬无雪,桃李华,虫不蛰。"从京、襄地区都旱,可以推断长江中上游地区发生了旱情,冬天也比较干旱,出现了暖冬的现象。

旱情延续了第二年(1201)的春天,《大金国志·章宗纪》记载:"三月,蒙兵犯北部,大兴以北千里萧条,耕桑俱废,加以旱,民不聊生",《宋史·五行志

---

① 〔清〕徐松:《宋会要辑稿·瑞异》。
② 〔元〕脱脱:《宋史》卷六十六。
③ 〔朝〕关麟趾:《高丽史》卷五十四,《志八》。
④ 〔清〕毕沅:《续资治通鉴长编》卷七十。
⑤ 〔元〕脱脱:《宋史》卷六十六。

四》记载:"五月,浙西郡县及蜀十五郡皆大旱",《宋史·宁宗纪二》记载:"五月戊午,以旱祷于天地、宗庙、社稷。"①从史料看,春夏期间,西部地区和北部地区发生了严重的干旱,是以水位较低。

《宋史·宁宗纪》记载:"是岁,浙西、江东、两淮、利州路旱,振之仍蜀免其赋。"②利州地处四川地区正处于长江上游,其发生旱情,必定会影响长江水位。

到了嘉泰二年(1202)春天,旱情还在延续,《宋史·五行志四》记载:"春旱,至于夏秋。"③《金史·章宗纪》记载:"四月,癸卯,命有司祈雨。"④从史料可以看出,题刻记载见石鱼的时间"壬戌仲春"应该是当时春季旱情的真实写照。

综上所述,可以看出,尽管题刻记录尽管没有明确记载石鱼出水的具体尺寸,但题刻反映的应该是较为严重的旱情。

在已有的题刻记录中,与之关联性旱情没有直接文献记载的只有两条,其一是1057年,"游石鱼题名记:尚书虞曹员外郎知郡事武陶熙古,涪忠州巡检点殿值侍其权纯甫,郡从事傅颜布,圣嘉祐二年正月八日谨识。"其二是1125年,"北宋宣和乙巳年正月八日"。1057年没有明确史料发生干旱,只有《辽史》记载嘉祐元年(1056)一次可能的旱灾:"辽中京蝗蝻为灾"《辽史·道宗纪》这可能是河北地区发生旱情导致了蝗灾的出现,而西南部地区没有明确记载旱情的史料。1125年比较特殊,当时金国兵分两路进攻宋朝,可能由于战争的原因,以至于灾情发生时无法及时奏报朝廷的缘故。因为在宣和六年(1124)夏,南方有旱情出现,如《(嘉靖)延平府志·地理志》记载:"皇华,在县东北十一都下有亭,名仙亭。宋宣和六年旱,邑人祷雨于此,忽香火褚钱堕地,有神降于巫体,自神马姓第五,欲托迹山下致霖雨以苏此,方语毕,雨随霍"⑤。孙觌《鸿庆居士集》记载:"常州资圣禅院兴造记,宣和六年,吾州夏旱。州将率寮吏奉牲玉徧走群祀,不见答。适有比丘尼悟空师法坚自钱塘至,曰:

---

① 〔元〕脱脱:《宋史》卷六十六。
② 〔元〕脱脱:《宋史》卷三十八。
③ 〔元〕脱脱:《宋史》卷六十六。
④ 〔元〕脱脱:《金史》卷九。
⑤ 〔嘉靖〕《延平府志·地理志》卷二。

吾能为公算致雨。即日诣城东资寺佛殿阖扉跌坐,昼不食夜不寝,凡三日,而澍雨沛然。"①从这两条文献来看,两次祈雨事件,一个是发生常州,另外一次发生在福建延平地区,只有发生比较严重的旱情时才会采取祈雨仪式,这足以说明在当时南方确有旱情出现,因此推断可能在地处长江上游的南方西部地区也发生了旱情,是以才会有第二年正月,石鱼出水的现象出现。

综上所述,可以看出,白鹤梁题刻的枯水记录还是比较客观地反映了当时的旱情,我们在统计使用作为降水和干旱记录的统计时,应该结合历史文献仔细甄别,而不至于遗漏。

二、白鹤梁题刻记录之枯水形成相关因素之分析

对白鹤梁题刻的研究结果表明,长江洪、枯水年份的出现,大约每10年为一周期,作为最低水位标志的石鱼,其出现的年份应是枯水期的最后1年,而来年必将进入洪水期,但出现特大洪水的可能性极小,而水位的变化很大程度上反映了降雨量的增减,雨量充足程度和灾害程度是决定农业丰收的决定因素,因此"石鱼出水兆丰年"。从宋开宝四年起一直成为当地百姓预测来年丰盈的依据,也引起不少文人墨客的雅兴,留题纪胜。枯水现象是如何形成的? 自然与长江上游地区的地表径流变化密切相关,其影响因素一是流域内的气候冷暖干湿变化,二是历史时期流域内气象灾害(旱灾)。

1. 枯水与历史时期内流域内的气候冷暖干湿变化之影响

根据学者研究,中国五代气候是晚唐寒冷气候的延续,但北宋气候总体偏暖,930—1100 年,被称为五代至北宋后期暖期②。这一时期就干湿变化而言,华北地区、江汉平原和洞庭湖流域降水变率较小,东南地区、四川盆地和黄土高原等中西部地区以及南岭以南地区降水变率较大③。就整体而言,11世纪前期西南地区相对湿润,而1050—1220 年是长江流域过去 1300 年一个较大的干旱少水区,白鹤梁的题刻记录来看,北宋前期的枯水记录相对很少,

---

① 〔宋〕孙觌:《鸿庆居士集》卷二十二。
② 葛全胜等:《中国历朝气候变化》,科学出版社 2011 年版,第 394 页。
③ 葛全胜等:《中国历朝气候变化》,科学出版社 2011 年版,第 397 页。

但中期以后至南宋时期,记录非常之多。

2. 枯水与历史时期流域内气象灾害(旱灾)之影响

流域内的旱灾发生时无疑会影响长江上游的水位,从学者研究看 910—970 年、980—1050 年和 1070—1120 年是江南地区最为明显的三个干旱时期。而史料也有明确的干旱状况记载如:969 年冬无雪,970 年春夏,京师旱,邠州夏旱①,970 年冬无雪②。1085 年冬无雪③,正月丙辰久旱,幸相国寺祈雨④。

再如明确涉及长江上游流域内干旱记载:1136 年夔潼、成都诸路及湖南衡州皆旱⑤。湖广江西旱,诏拨上贡米赈之⑥。1137 年,七月,是月诸路大旱,江、湖、淮、浙,被害甚广⑦。1139 年旱六十余日,有事于山⑧。这些文献记录与题刻记录均有很好的对应关系。

三、白鹤梁题刻记录之枯水与
东亚旱灾的关联性分析

宋元祐元年(1086)丙寅二月七日吴缜题记:江水至此鱼下五尺。这应该是旱情非常严重才导致长江上游水位下降,查考史料,旱情从元丰八年(1085)冬天就开始,《宋史·五行志二》记载:"冬,无雪。""春诸路旱。正月,帝及太皇太后车驾分日,诣寺观祈雨"⑨。闰二月四日,右司谏苏辙言:"陛下以久旱,忧祷勤至,自冬历春,天意未答,灾害广远。"⑩"四月二日,左司谏王岩叟言:访淮南旱甚,物价踊贵。四月诏:开封府诸路灾伤。时宿、亳灾伤尤甚。"⑪这应该是全国大面积的旱灾,时间持续从元丰八年的冬天到元祐元年

---

① 〔元〕脱脱:《宋史》卷六十三。
② 〔元〕马端临:《文献通考》卷二百九十五。
③ 〔元〕脱脱:《宋史》卷六十三。
④ 〔元〕脱脱:《宋史》卷十七。
⑤ 〔元〕脱脱:《宋史》卷六十六。
⑥ 〔元〕脱脱:《宋史》卷一百七十八。
⑦ 〔宋〕李心传:《建炎以来系年要录》卷一百一十。
⑧ 〔元〕脱脱:《宋史》卷六十六。
⑨ 〔元〕脱脱:《宋史》卷六十六。
⑩ 〔清〕徐松:《宋会要辑稿·瑞异》。
⑪ 〔清〕徐松:《宋会要辑稿·食货》。

的春天,从史料记载,旱情非常严重。

同处东亚地区的朝鲜和日本也发生了较为严重的旱情。《高丽史》记载:"宣宗三年(1086)三月乙酉祷雨于山川。四月癸巳,又祷。辛丑,有司以久旱请造土龙,又于民家画龙祷雨,王从之。是日徙市。"①从史料可以看出,三月四月朝鲜国王连续两个月都祈雨,相关部门也积极相应的采取多种形式祈雨,都是因为长时间干旱,旱情非常严重才采取此种措施。

日本也发生了较为严重的旱情,当时留存的史料较少,没有明确的干旱记载,但笔者检索《大日本史》,却可以从中推断当时发生了比较严重的旱情。《大日本史》记载:"应德三年(1086)丙寅夏六月二十六日壬子,敕检非违使刈西京田稻三百余町,以食牛马,十一月辛酉,遣权中纳言(官名)源雅实(平安时代后期的公卿)于伊势奉宸笔宣于大神宫祈弥灾异。"②应德三年夏天,在当时国都西京(京都),天皇派出检非违使收割了西京田稻三百余町,作为牛马的饲料。町是日本的计量单位,根据研究1町(日本)=14.88市亩,三百余町约合5 000多亩。这是非常奇怪的事情,大面积的稻谷被收割作为饲料畏牛马,原因何在?结合下面的记载,朝廷派遣权中纳言(官名)源雅实(平安时代后期的公卿)在伊势(天皇起源地)大神宫祈弥灾异。应该是出现了非常严重的旱情,稻谷无法结实,只好收割作为牛马的饲料之用。

综上所述,可以看出,白鹤梁题刻记录之枯水中的个别记录也是当时东北亚地区干旱灾害的真实反映,对于灾害史研究具有重要的科学价值。

---

① 〔朝〕关麟趾:《高丽史》卷五十四,《志八》。
② 《大日本史》卷四十四,《本纪八·应德三年》。

参 考 文 献

古籍

[1] 〔元〕脱脱：《宋史》，中华书局 1983 年版。

[2] 〔宋〕李焘：《续资治通鉴长编》，中华书局 1979 年版。

[3] 〔清〕徐松：《宋会要辑稿》，中华书局 1957 年版。

[4] 〔宋〕司马光：《资治通鉴》，上海古籍出版社 1987 年版。

[5] 〔清〕毕沅：《续资治通鉴》，上海古籍出版社 1987 年版。

[6] 〔宋〕董谓：《救荒活民书》(卷二)《丛书集成初编》，中华书局 1985 年版。

[7] 〔宋〕欧阳修：《欧阳修全集》，中国书店 1986 年版。

[8] 〔宋〕欧阳修等：《新唐书》，中华书局 1975 年版。

[9] 《宋大诏令集》：中华书局 1962 年版。

[10] 〔宋〕李心传：《建炎以来朝野杂记》，丛书集成初编。

[11] 〔宋〕司马光：《司马文正公传家集》，万有文库本。

[12] 〔宋〕苏轼：《苏轼文集》，中华书局 1986 年版。

[13] 〔宋〕王安石：《临川集》(《四库全书》本)，上海古籍出版社 1987 年版。

[14] 〔元〕马端临：《文献通考》，中华书局 1986 年版。

[15] 〔宋〕钱若水等：《太宗实录》，四部丛刊三编。

[16] 〔宋〕洪迈：《容斋随笔》，上海古籍出版社 1978 年版。

[17] 〔宋〕李心传：《建炎以来系年要录》，中华书局 1956 年版。

[18] 〔宋〕曾敏行：《独醒杂志》，上海古籍出版社 1986 年版。

[19] 陶宗：《说郛三种》，上海古籍出版社 1988 年版。

[20] 蔡襄：《端明集》，见影印文渊阁《四库全书》本。

[21] 〔宋〕佚名：《皇宋中兴两朝圣政》，阮元：《宛委别藏》，江苏古籍出版社 1988 年版。

[22] 〔宋〕王应麟：《玉海》（四库全书），上海古籍出版社 1987 年版。

[23] 杨仲良：《皇宋通鉴长编纪事本末》，宛委别藏。

[24] 〔宋〕李焘著，〔清〕黄以周等辑：《续资治通鉴长编拾补》，上海古籍出版社 1986 年版。

[25] 〔宋〕司马光：《涑水记闻》，中华书局 1989 年版。

[26] 〔朝鲜〕关麟趾：《高丽史》，中国国家图书馆微缩本 2003 年版。

[27] 〔宋〕江少虞：《宋朝事实类苑》，上海古籍出版社 1981 年版。

[28] 〔宋〕曾巩：《曾巩集》，中华书局 1984 年版。

[29] 〔宋〕程颢、程颐：《二程集》，中华书局 1981 年版。.

[30] 〔宋〕吕祖谦：《历代制度详说》（四库全书），上海古籍出版社 1987 年版。

[31] 〔明〕杨士奇等：《历代名臣奏议》（四库全书），上海古籍出版社 1987 年版。

[32] 陈均：《九朝编年备要》（四库全书），上海古籍出版社 1987 年版。

[33] 〔宋〕沈括著，胡道静校证：《梦溪笔谈校证》，上海古籍出版社 1987 年版。

[34] 〔宋〕王溥：《唐会要》，上海古籍出版社 1991 年版。

[35] 〔宋〕文彦博：《潞公集》（四库全书），上海古籍出版社 1987 年版。

[36] 〔宋〕范仲淹：《范文正公集》，四部丛刊初编。

[37] 〔宋〕范祖禹：《范太史集》卷十四。

[38] 〔宋〕吕祖谦：《皇朝文鉴》，中华书局 1992 年版。

[39] 〔宋〕王溥：《五代会要》，上海古籍出版社 1978 年版。

[40] 〔宋〕谢维新等：《古今合璧事类备要》（四库全书）。

[41] 〔宋〕苏颂：《苏魏公文集》（四库全书），上海古籍出版社 1987 年版。

〔42〕 〔宋〕徐梦莘:《三朝北盟会编》,上海古籍出版社 1987 年版。

〔43〕 〔汉〕司马迁:《史记》,中华书局 1982 年版。

〔44〕 〔宋〕李昉等:《太平御览》(四库全书),上海古籍出版社 1987 年版。

〔45〕 〔宋〕李昉等:《文苑英华》(四库全书),上海古籍出版社 1987 年版。

〔46〕 〔宋〕王钦若等:《册府元龟》(四库全书),上海古籍出版社 1987 年版。

〔47〕 〔宋〕庄绰:《鸡肋编》卷中。

〔48〕 〔后晋〕刘昫等:《旧唐书》,中华书局 2000 年版。

〔49〕 〔明〕宋濂等:《元史》,中华书局 2000 年版。

〔50〕 刘放:《彭城集》(卷五),见影印文渊阁《四库全书》本,台湾商务印书馆 1986 年版。

〔51〕 〔宋〕潜说友:《咸淳临安志》,见《宋元方志丛刊》,中华书局 1990 年版。

论著

〔 1 〕 竺可桢:《中国近五千年来气候变迁的初步研究》,载《考古学报》1972 年第 1 期。

〔 2 〕 竺可桢:《南宋时代气候之揣测》,载《科学》1924 年第 10 卷第 2 期。

〔 3 〕 邓云特:《中国救荒史》,上海书店 1984 年版。

〔 4 〕 张文:《宋朝社会救济研究》,西南师范大学出版社 2001 年版。

〔 5 〕 张文:《荒政与劝分:民间利益博弈中的政府角色——以宋朝为中心的考察》,载《社会经济史研究》20〔03 年第 4 期。

〔 6 〕 张文:《宋朝民间慈善活动研究》,西南大学出版社 2005 年版。

〔 7 〕 国家科委全国重大自然灾害综合研究组:《中国重大自然灾害及减灾对策》,科学出版社 1994 年版。

〔 8 〕 葛剑雄主编:《中国人口史》(第三卷),复旦大学出版社 1997 年版。

［9］　邹逸麟：《黄淮海平原历史地理》，安徽教育出版社 1997 年版。

［10］　郑功成：《中国社会保障论》，湖北人民出版社 1994 年版。

［11］　白寿彝主编：《中国通史》（第七卷），上海人民出版社 1995 年版。

［12］　邱国珍主编：《三千年天灾》，江西高校出版社 1998 年版。

［13］　中国社科院历史研究所主编：《中国历代自然灾害及历代盛世农业政策资料》，农业出版社 1988 年版。

［14］　李文海等编：《中国荒政全书》第一辑，北京古籍出版社 2003 年版。

［15］　蔡美彪等：《中国通史》第 5 册，人民出版社 1978 年版。

［16］　陈振：《宋史》，上海人民出版社 2003 年版。

［17］　王文、谢志仁：《中国历史时期海面变化（Ⅱ）潮灾强弱与海面波动》，载《河海大学学报》1995 年第 5 期，第 43－47 页。

［18］　周魁一：《水利的历史阅读》，中国水利水电出版社 2008 年版。

［19］　陈高佣：《中国历代天灾人祸表》，上海书店 1986 年版。

［20］　邱云飞：《中国灾害通史（宋代卷）》，郑州大学出版社 2008 年版。

［21］　康弘：《宋代灾害与荒政论述》，载《中州学刊》1994 年第 5 期，第 123－128 页。

［22］　李华瑞：《论宋代的自然灾害与荒政》，载《首都师范大学学报》（哲学社会科学版）2013 年第 2 期。

［23］　戴建国：《天一阁藏明抄本官品令考》，载《历史研究》1999 年第 3 期。

［24］　中国社会科学院历史研究所天圣令整理课题组：《天一阁藏明抄本天圣令校正》，中华书局 2006 年版。

［25］　满志敏：《中国历史时期气候变化研究》，山东教育出版社 2009 年版。

［26］　葛全胜等：《中国历朝气候变化》，科学出版社 2011 年版。

［27］　李维京等：《中国干旱的气候特征及其成因的初步研究》，载《干旱气象》2003 年 12 月第 4 期。

［28］　张德二：《中国三千年气象记录总集》，凤凰出版社、江苏教育出版

社 2004 年版。

[29]　中央气象台、海洋气象台编:《日本的气象史料》,原书房昭和五十一年(1976),第 23 页。

[30]　王德毅:《宋代灾荒的救济政策》,台湾商务印书馆 1970 年版。

[31]　李亚:《历史时期濒水城市水灾问题初探—以北宋开封为例》,载《华中科技大学学报》(哲学社会科学版)2003 年第 5 期。

[32]　朱诚等:《长江三角洲及其附近地区两千年来水灾的研究》,《自然灾害学报》2001 年第 4 期。

[33]　贾玉英:《宋代提举常平司制度初探》,载《中国史研究》1997 年第 3 期,第 99 - 107 页。

[34]　王尚义等:《唐至北宋黄河下游水患加剧的人文背景分析》,载《地理研究》2004 年 3 期。

[35]　葛剑雄主编:《中国人口史》第 3 卷《辽宋金元时期》,复旦大学出版社 2005 年版。

[36]　韩茂莉:《宋代农业地理》,山西古籍出版社 1993 年版。

[37]　马玉臣:《试论熙丰农田水利建设的劳力与资金问题》,姜锡东,李华瑞主编:《宋史研究论丛　第 6 辑》,河北大学出版社 2005 年版,第 362 - 380 页。

[38]　邓广铭:《北宋政治改革家王安石》,河北教育出版社 2000 年版。

[39]　程民生:《宋代地域经济》,河南大学出版社 1992 年版。

[40]　汪前进:《黄河河水变清年表》,载《广西民族学院学院学报》(自然科学版)2006 年第 2 期。

[41]　李华瑞:《北宋州县仓救荒功能略论》,见邓小南主编:《宋史研究论文集》,云南大学出版社 2009 年版。

[42]　李华瑞:《劝分与宋代救荒》,《中国经济史研究》2010 年第 1 期。

[43]　李华瑞:《北宋荒政的发展与变化》,载《文史哲》2010 年第 6 期。

[44]　李华瑞:《宋代救荒史稿》,天津古籍出版社 2011 年版。

[45]　郭文佳:《常平仓与宋代灾荒救助》,载《商丘师范学院学报》2006 年第 6 期。

［46］ 郭文佳：《宋代社会保障研究》，新华出版社 2005 年版。

［47］ 王曾瑜：《北宋司农寺》，河北大学出版社 2006 年版。

［48］ 林文勋：《宋代"富民"与灾荒救济》，载《思想战线》2004 年第 6 期。

［49］ 张弓：《唐朝仓廪制度初探》，中华书局 1984 年版。

［50］ 韩毅：《政府治理与医学发展：宋代医事诏令研究》，中国科学技术出版社 2014 年版。

［51］ 石涛：《北宋时期自然灾害与政府管理体系研究》，社会科学文献出版社 2010 年 9 月。

［52］ 陈业新：《灾害与两汉社会研究》，上海人民出版社 2004 年版。

［53］ 孙绍骋：《中国救灾制度研究》，北京商务印书馆 2004 年版。

［54］ 阎守诚：《危机与应对：自然灾害与唐代社会》，人民出版社 2008 年版。

［55］ 李玉尚：《海有丰歉》，上海交通大学出版社 2011 年版。

索　引

后　记

作为科学史领域的学者，踏入灾害史研究方向，完全是因为偶然的机缘。16 年前还是在郑州大学读研究生的时候，在郑州古玩城的旧书市场淘到了一本《中国水利史稿》上册。尽管我本人不是从事水利史研究方向，却深深为中国古代的水利事业事迹所吸引，从此学业之外便开始涉猎与水利史、灾害史、历史地理学等相关的研究论著。

竺可桢先生的《中国近五千年来气候变迁的初步研究》、谭其骧先生的《长水集》、侯仁之先生的《我从燕京大学来》、邹逸麟先生的《椿庐史地论稿》、葛剑雄先生的《中国人口史》、姚汉源先生的《黄河水利史稿》、周魁一先生的《中国科学技术史稿·水利卷》《水利的历史阅读》等论著，不仅使我受益匪浅，而且进一步激发我对水利史、灾害史的兴趣，这种兴趣一直延续至今。

在阅读的过程中，一方面为古代辉煌的水利科学成就所鼓舞，如著名都江堰水利工程，另一方面，也深深为人类社会发展过程中所经历的自然灾害所震惊，而水旱灾害尤其为甚。

就中国的水灾而言，从传说中的大禹治水到当代 1998 年的长江大洪水，就旱灾而言，从后羿射日的神话传说，到近些年鄱阳湖、洞庭湖及西南地区频频发生的干旱灾情，可以说灾害与人类社会的发展相伴而生。这其中既有自然因素的作祟，也有人类活动的影响。而人类正是在和各种自然灾害作斗争的过程中，创造各种技术、积累经验不断前行。

我的博士论文选题是《北宋天文管理研究》，在搜集资料的过程中，发现作为中国古代科技文化高峰的宋代，已经积累了丰富的应对经验及技术应对措施。这些问题不少学者虽已研究提及，仍有更进一步深入研究和探讨的必要。在进一步搜集了相关文献资料之后,遂以《两宋水旱灾害技术应对措施》为题申请了教育部人文社会科学基金项目,并有幸得以立项。

水旱灾害应对涉及方方面面,无法面面俱到。是以本课题在研究方面主要针对对政府管理制度、重大灾害的应对机制、技术应对等典型事件进行探讨,其中包括政府灾害管理的法律法规措施、特大灾害的政府应对措施、黄河水患的技术应对措施、榆柳栽植与两宋的水灾防治、城市灾害应对、宋代白鹤梁题刻枯水记录与干旱灾害关联性研究等方面。

部分研究成果在第 12 届、13 届国际中国科学史会议,第 12 届国际东亚科学史会议等报告,获得与会学者的认可和好评。其中两篇论文已经在《第12 届国际中国科学史会议论文集》和《科学管理》杂志上发表,另一篇论文《熙宁特大干旱及政府应对》也被《第 13 届国际中国科学史会议论文集》录用,即将发表。

在研究过程中,郑州大学的王星光教授、上海交通大学的陈业新教授、李玉尚教授、京都大学的武田时昌教授、首尔大学奎章阁研究院的金永植教授、全勇熏副教授、法国国家科学院的林力娜教授、中科院自然科学史研究所的刘钝教授、孙小淳教授、韩琦教授、中国科学技术大学的石云里教授或惠赠过珍贵的资料或进行过有益的指导和帮助,上海交通大学科学史与科学文化研究院的江晓原教授、关增建教授、纪志刚教授、孙毅霖教授、钮卫星教授、李侠教授、萨日娜副教授都给予过悉心的指导或帮助,与徐国良副教授、闫宏秀副教授、王延锋博士、王球博士、杜延勇副教授、黄庆桥博士、穆蕴秋博士等日常的学术探讨也使我受益匪浅。

正是他们的鞭策和鼓励,才能让我在建设上海交通大学科学史与科学哲学学术绿洲的道路上不辍前行。我的硕士研究生陈月儿、杨泽嵩代为整理了相关文献资料,上海交通大学出版社宝锁编辑做了辛苦的编辑工作,在此一并致谢,书中的见解,仅是本人一孔之见,欢迎识者指正!